▲【我的假日时光】短视频制作　　　　　　　　▲ 旅行类 Vlog 短视频

本书精彩案例欣赏

▲ 怦然心动的拍照特效　　　　　▲ 人物创意描边特效

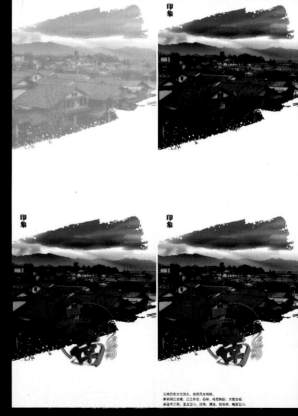

▲ 淡入淡出的转场效果　　　　　▲ 【印象·云南】旅行节目频道包装

▲ 旅行 Vlog 视频拼图动画

▲ 淘宝电商广告

▲ 制作电影片尾字幕

▲ 扫光文字

▲ 卡点美食短视频

▲【醉】美夜色调色

▲ 深蓝色调调色

▲ 唯美日系风格调色

▲ 时尚潮流感短视频片头

▲ 短视频人物出场动画

▲ 电子相册

▲ 热门缩放卡点视频

00:00:00

● REC

HD 4K 8K
FPS 60

唯美世界 曹茂鹏 编著

Premiere

短视频 制作教程

案例视频 全彩版

F3.5
ISO 100

中国水利水电出版社
www.waterpub.com.cn
·北京·

内 容 提 要

　　《Premiere 短视频制作教程（案例视频 全彩版）》从初学者角度出发，讲解了短视频拍摄与构图技巧，以及如何用 Premiere 制作各种专业短视频。全书共 3 个部分，第 1 部分为短视频拍摄篇（1、2 章），主要讲解了短视频的拍摄、构图技巧；第 2 部分为短视频剪辑篇（3~10 章），主要讲解了 Premiere 短视频剪辑、超酷的特效、视频过渡、动画、调色、字幕、配乐、输出短视频等；第 3 部分为短视频综合实例应用篇（11~18 章），主要从案例综合应用的角度来讲解卡点美食短视频、Vlog 记录、短视频人物出场动画、时尚潮流感短视频片头、旅行类 Vlog 短视频、怦然心动的拍照特效、淘宝电商广告、人物创意描边特效等各种短视频的制作过程。

　　本书适合作为短视频新手、短视频爱好者以及没有任何经验但是想拍出热门短视频、制作出精彩短视频的读者的入门书籍，也适合作为相关院校的教材。

图书在版编目（CIP）数据

Premiere 短视频制作教程：案例视频：全彩版 /
唯美世界，曹茂鹏编著. — 北京：中国水利水电出版社，
2024.1

　　ISBN 978-7-5226-1839-5

　　Ⅰ．① P… Ⅱ．①唯… ②曹… Ⅲ．①视频编辑软件
Ⅳ．① TP317.53

　　中国国家版本馆 CIP 数据核字 (2023) 第 193755 号

书　　名	Premiere短视频制作教程（案例视频 全彩版）
作　　者	Premiere DUAN SHIPIN ZHIZUO JIAOCHENG
	唯美世界　曹茂鹏 编著
出版发行	中国水利水电出版社
	（北京市海淀区玉渊潭南路1号D座 100038）
	网址：www.waterpub.com.cn
	E-mail：zhiboshangshu@163.com
	电话：（010）62572966-2205/2266/2201（营销中心）
经　　售	北京科水图书销售有限公司
	电话：（010）68545874、63202643
	全国各地新华书店和相关出版物销售网点
排　　版	北京智博尚书文化传媒有限公司
印　　刷	北京富博印刷有限公司
规　　格	190mm×235mm　16开本　14.25印张　410千字　2插页
版　　次	2024年1月第1版　2024年1月第1次印刷
印　　数	0001—4000册
定　　价	69.80元

前言

Preface

　　全民短视频的时代已经开启，抖音、快手、视频号、小红书、淘宝、微博、知乎、哔哩哔哩等平台的海量短视频和直播填补了人们的碎片化时间。看了那么多短视频和直播，你是不是对于拍出热门视频、直播带货、变现也心生向往？如今越来越多的个人、明星、大品牌、企业纷纷加入短视频和直播的阵营，现象级短视频的时代红利，你能否把握住？

　　你可能会疑惑：我怎样才能成为短视频创作者？我能拍什么类型的视频？怎么拍？拍摄器材及辅助道具有哪些？短视频脚本怎么写？怎么剪辑视频？怎么添加特效？怎么调色？怎么添加动画？以上问题都是本书讲解的重点，本书就是针对短视频新手而写的。

　　Adobe Premiere Pro（简称PR）软件是Adobe公司研发的使用广泛的视频后期剪辑编辑软件。Premiere Pro在设计领域应用广泛，视频剪辑、短视频制作、广告动画、视频特效、电子相册、高级转场、自媒体视频制作等都要用到它，它几乎成了各种视频剪辑及编辑的必备软件。Premiere Pro功能非常强大，但任何软件都不能独当一面，学习视频剪辑除了学习Premiere Pro之外，建议也学习After Effects，After Effects在制作视频特效方面更胜一筹。Premiere Pro+After Effects是视频制作的完美搭档！

　　为了帮助读者快速精通短视频，本书赠送以下资源：
- 62集案例视频教程和素材源文件。
- 《1000个短视频达人账号名称》电子书。
- 《30秒搞定短视频策划》电子书。

　　以上资源的获取及联系方式：
　　（1）读者使用手机微信的"扫一扫"功能扫描下面的微信公众号二维码，或者在微信公众号中搜索"设计指北"，关注后输入PR18395并发送到公众号后台，获取本书资源的下载链接，将该链接复制到计算机浏览器的地址栏中，根据提示进行下载。

目 录

（2）读者可加入本书的QQ学习交流群943402751（群满后，会创建新群，请注意加群时的提示，并根据提示加入相应的群），与广大读者进行在线交流学习。

提示：本书提供的下载文件包括教学视频和素材等，教学视频可以演示观看。要按照书中实例操作，必须安装Premiere Pro 2023软件之后才可以进行。您可以通过以下方式获取Premiere Pro 2023简体中文版。

（1）登录Adobe官方网站查询。

（2）可到网上咨询、搜索购买方式。

本书由唯美世界组织编写，其中，曹茂鹏、孙哲丰、瞿颖健担任主要编写工作，参与本书编写和资料整理的还有杨力、瞿学严、杨宗香、曹元钢、张玉华、孙晓军等人。在此一并表示感谢。

目录

Contents

短视频拍摄篇

短视频剪辑篇

短视频综合实例应用篇

短视频拍摄篇

Chapter

第1章

短视频拍摄技巧

本章内容简介

本章介绍了短视频拍摄技巧，包括短视频的概念、拍摄短视频可以做什么、热门的短视频平台介绍、短视频怎么拍、组建自己的拍摄团队、短视频拍些什么、脚本怎么写、手机和相机拍摄的区别、拍摄器材及辅助道具、景别、拍摄视角、运镜技巧、用光技巧等内容。

重点知识掌握

- 认识短视频
- 短视频拍什么
- 写好脚本才能拍好视频
- 手机和相机拍摄的区别
- 拍摄器材及辅助道具
- 景别、拍摄视角、运镜技巧、用光技巧

优秀作品欣赏

1.1 认识短视频

本节来了解短视频的基本概念、短视频的用途、短视频的平台、短视频怎么拍、如何组建拍摄团队等内容。

1.1.1 什么是短视频

短视频可以理解为时长较短的视频短片，通常在5分钟之内。短视频是随着互联网兴起的一种以自媒体为主的内容传播形式。与以往的电影、电视剧不同，短视频具有制作难度低、生成周期短、普及度高、影响范围大、传播速度快等特征。而且短视频的内容更加丰富，不仅可以是与微电影相似的剧情类短片，也可以是技能分享（如化妆、做菜、手工、绘画、舞蹈等）、知识分享、产品测评、娱乐搞笑、新闻资讯等短片，一段情绪的宣泄、路人的某个举动甚至是宠物之间的互动都可以吸引大量的关注。如图1-1所示。

图 1-1

当下人们每天都面对着海量的信息流，而短视频的时长较短，同类视频又数量巨大，这就需要在极短的时间内抓住观众的眼球，不仅要在内容上吸引观者，在画面的视觉效果上也要下足功夫。

1.1.2 学会短视频制作能干什么

自媒体时代下，人人都可以是创作者，人人都可以拍摄短视频。那么学会了视频的制作究竟有什么用呢？

1. 记录生活

人们越来越习惯于用手机记录生活中的点滴，美妙的旅行、精心制作的美食、与萌宠玩闹、宝宝的生日派对……这些美妙的片段如果只是留在记忆里，长年累月难免模糊。而通过镜头记录下来就不一样了，即使在几十年后重新翻看，也一定可以感受到当时的美好。如图1-2所示。

图 1-2

2. 扩大影响力，挖掘隐藏客户

从自身的专业出发，录制与本职工作相关的短视频，如律师的普法知识短视频、二手车经销商的行业内幕短视频、室内设计师的装修实用技巧短视频等。使观者从认可到喜欢再到信赖，创造热度的同时也可精准地获取隐藏的客户，从而增加线下转化的可能性。如图1-3所示。

图 1-3

3. 短视频变现

通过拍摄短视频实现盈利一直是人们关注的热点。目前常见的短视频变现方式有很多，如在短视频平台开设店铺（如抖音小店），短视频的热度会为店铺带来流量，也可以借由短视频热度进行直播带货。

另外，垂直领域中的"短视频达人"很容易被品牌方关注到，可以为产品拍摄宣传视频获得收益。如果账号热度并不足以被品牌方关注到，也可以主动承接平台任务（如抖音星图广告、官方推广任务等）。

4. 跨入影视、广告行业

短视频制作流程与影视行业的拍摄工作流程非常接近，借由短视频的拍摄与制作磨炼自身的能力、积累实战经验，在合适的时机下转入影视制作、视频广告拍摄等领域也是不错的选择。

1.1.3 热门的短视频平台有哪些

短视频的应用场景主要涉及短视频社交、短视频电商等，主要包括抖音、快手、视频号、微博、淘宝电商平台等。如图1-4所示。

图1-4

1.1.4 短视频怎么拍

认识了什么是短视频，接下来需要了解短视频从无到有的整个过程，也就是短视频制作的基本流程。短视频制作可以分为策划、拍摄、剪辑、上传几个步骤。如图1-5所示。

策划阶段 → 拍摄阶段 → 剪辑编辑 → 上传视频

图1-5

1. 策划阶段

拍摄之前首先要拟定拍摄方向、确定拍摄主题，选题确定后开始构思具体的内容情节。接下来需要将拍摄流程及细节步骤落实到拍摄脚本中，如每个镜头的拍摄地点、拍摄景别、拍摄角度、画面描述、对白、配音内容、字幕、音乐音效、时长；然后需要筹备拍摄过程中会用到的设备、场地、演员、服装、化妆、道具等。

2. 拍摄阶段

布置拍摄场地及现场灯光，安排演员化妆、做造型。按照事先制定好的脚本，逐一拍摄每个镜头。拍摄过程中可能会遇到各种不可控因素，要做好备用计划，同时要注意拍摄过程中设备的稳定性。

3. 剪辑编辑

拍摄完毕需要对大量的视频片段进行筛选，选出可用片段导入视频编辑软件中进行剪辑、组合、调色、人物美化、动画、转场、特效、配音、配乐、字幕等方面的编辑操作。完成后导出为完整视频。

4. 上传视频

视频制作完成后就要投放到各个渠道的平台上，需要注意的是，作品的标题、文案、话题甚至是位置定位等信息都会影响到短视频的热度，可参考当下的热门视频排行榜。

这些步骤根据视频内容的差异，操作难度可大可小，有些步骤甚至可以省略，但仍然建议新手朋友养成"制订拍摄计划"的好习惯。虽然前期准备可能比较烦琐，但是会大大减少后续工作出错的可能性，提高工作效率。

1.1.5 组建自己的拍摄团队

了解了短视频的拍摄流程，也就大致掌握了整个短视频制作过程中所需要的"工种"。如果想要打造专业的短视频拍摄团队，可以参考正规的影视制作团队。

最基本的团队成员应包括把控短视频整体方向的编导、视频拍摄人员、视频后期编辑人员、演员，以及负责短视频运营的人员。如果预算允许，编剧、导演分工更佳。当然，很多短视频新手朋友也会选择一人独揽全部工作，这对个人能力的提升有很大帮助。

1.2 短视频拍什么

除去拍摄技术方面的问题，"拍什么"可能是经常会困扰到短视频新手的问题了。如果拍短视频只是想记录自己的生活，那么拍摄自己喜欢的内容就可以了；如果是以拍摄出热门、爆火的视频为目的，那么就要明确自身的优势、了解时下流行的短视频类型、把握平台对哪些类型的视频有流量扶持，然后再进行有针对性的创作。

1.2.1 个人短视频拍什么

一个人，不是企业、商家，没有特定拍摄目标，不知该拍什么选题，怎么办？可以从自身擅长的领域开始挖掘，寻找自身的优势，分析是否可将这部分优势应用到短视频创作中。

自身优势	对应类型	短视频方案
有才艺/技能	才艺展示	才艺成果的展示，如诱人美食、精致妆容、歌舞展示、手工艺品展示等
	知识分享、技能教学	技能操作的展现，如化妆教学、游戏攻略、舞蹈教学、唱歌技巧等
表达能力强	口播、访谈、测评	资讯播报、时事评论、故事段子、街头采访、产品解说、好物测评等
独特的生活环境/方式	生活Vlog	独特的生活方式会引起观者的兴趣，生活记录类Vlog通常时长稍长，突出日常感以增强亲和力，使用第一视角增加代入感，如记录野外生活、减肥生活、工作日常、养宠趣事等
有表演天赋	剧情类短视频	有较好的镜头感及表演天赋，则可以尝试情景短剧的形式，如创意搞笑类短剧。此类短视频可单独成片，也可组成系列视频。除剧情类短视频以外，很多类型的内容都可以编排故事情节，如美食类、日常类、知识类、旅行类、探店类、情感类等。通过剧情引入主题，让视频更具代入感
剪辑技术娴熟	剪辑类短视频	即使不想以拍摄为主，也可以通过对网络上的视频、图片、音频进行拆分、重组，并加入解说、评论等元素制作短视频。此类短视频要注意素材的版权问题

1.2.2　企业短视频拍什么

　　以上内容是针对没有"目标"的短视频新手，而如果作为企业、商家，或已有明确的促销目的，那么短视频的内容就要有一定的针对性了。一旦有了明确的目标，短视频的内容就可以围绕产品本身及产品对应的消费群体两个方面展开。

　　针对产品本身介绍的短视频相当于"硬广告"，介绍产品的外观、特性、使用方法、用户体验等。以短视频的形式呈现产品的优势虽然能够直观地吸引目标消费者，但这类广告视频的出现可能会使人感到"生硬"，不利于潜在用户的挖掘及用户黏度的产生。如图1-6所示。

图1-6

　　此外，可以围绕目标消费群体开展系列视频的创作，如母婴产品厂商的目标消费群体主要为年轻的母亲。通过将此类群体的关注点与产品所在领域交叉，育儿知识及儿童教育方面的内容是首选，选题甚至可以扩展延伸至产后恢复、家庭关系等方面。以这些内容吸引受众群体关注，同时适当引入产品并在评论区引导购买。如图1-7所示。

图1-7

　　当然，如果我们不是商家，也可以先选定一个品类。可将全部同类产品都当作自己的产品，围绕产品的使用、测评制作视频。积累了足够的热度与关注后，可以选择评价较好的商品，与厂商沟通建立进一步的合作关系，以达到变现的目的。

　　知己知彼，百战不殆。明确了大方向后，也需要了解同类视频的情况。能够吸引观者的短视频至少要具备以下三个特点中的一个：趣味、实用、共鸣。在短视频平台上搜索相关视频，找到同领域中对标的账号，分析同类视频中热门视频的特点，归纳出观者普遍喜欢、认可的视频的特点，从而取长补短，发挥自身优势。

1.2.3　剧情类短视频拍什么

　　剧情类短视频与通常的电影、电视剧不同，不一定需要完备的演职人员和极大的投入，只要计划合理，甚至只需要1～2个人就可以完成剧情类短视频的制作。

1. 一人多角
　　一个人饰演多角，常用于搞笑类剧情。通过化妆、着装等突出形象的差异化，通过肢体动作、表情、口音打造多个不同性格的角色。一人分饰多角，强烈的反差感更容易引人发笑。如图1-8所示。

2. 第二人称视角

拍摄者作为参演人员之一，但无须出镜。以第二人称的视角去拍摄主角，拍摄者可与主角互动，推动剧情发展，更有代入感。如图1-9所示。

图 1-8   图 1-9

3. 多人情景剧

多人情景剧是最常见的拍摄方式，也更接近电影、电视剧的拍摄与制作，这种方式难度相对大一些。场景、服装、化妆、道具、脚本、台词、走位、拍摄等工作都需要提前策划周全，适合多人团队。如图1-10所示。

4. 连续短剧

剧情类短视频不仅适合独立出现，也适合以多集连续短剧的方式，形成连贯的故事，类似微型的电视剧。例如，办公室趣事、旅行趣事、相亲趣事等，连续短剧更容易获得较强的用户黏度。如图1-11所示。

图 1-10   图 1-11

1.3 写好脚本才能拍好视频

绝大多数短视频都是由多个镜头构成的，而每个镜头拍什么？怎么拍？拍多久？这些内容都需要在拍摄之前落实到"脚本"中。脚本可以理解为短视频拍摄的"框架"，详尽的脚本可以帮助创作者更加高效地进行短视频的拍摄和制作。

短视频的时长可能仅有几十秒到几分钟，但想要创作出能够吸引人看完整并且广为传播的作品，每个镜头都要经过精心的设计。根据短视频内容的不同，其脚本所包含的内容也不同。

1.3.1 口播、测评、知识类短视频脚本怎么写

非剧情类短视频，如口播类短视频、测评类短视频、技能分享类短视频等，此类视频通常不需要复杂的拍摄场地，也不需要制定分镜头脚本，只需要在脚本中列出要进行的任务、台词、镜头方式以及镜头时长即可。

摄影灯开箱视频			
任务	时长/s	镜头	台词
接收快递	10	全景	最近看到大家都在测评某品牌的摄影灯，据说可以把人照得非常美。今天我们就来看一下这款灯具究竟是不是像传说中的那么神奇
拆封产品	5	近景	产品的包装做得还是蛮不错的，防摔措施很完善，灯具没有受到一点磕碰
外观展示	20	特写	哇，传说中的变美神器！灯具外观设计简洁大方，做工非常精致。质感极好，很有分量。尤其是还配带遥控器，拿在手里也不容易掉落，手感非常好。配件很齐全，不需要单独购买其他配件，很贴心的安排
使用展示	25	近景	下面就让我们来感受下这款"神灯"究竟好不好用吧！插上电源、接上配件、摆好位置，开灯。哇！照度非常充足，色温也正常，面对灯一点也不觉得刺眼。下面我们试拍一下，看看效果。柔和的灯光均匀地打在脸上，就像磨皮了一样。堪称完美
经验分享	10	近景	总的来说，这款灯具无论从外观、性能还是便携程度方面都比较适合。而且价格亲民，强烈推荐给大家
结束语	5	近景	好物推荐，天天再见。我是某某某，欢迎点赞转发，我们下期再见

1.3.2 旅行、探店、采访类短视频脚本怎么写

对于一些拍摄内容并不能精准预测的短视频，如探店类短视频、街头采访类短视频、旅行Vlog等，此类短视频的脚本可根据主题对拍摄内容及拍摄情景进行预估，提取拍摄要点，确定拍摄的场地及主要的拍摄环节，并从相关文字信息中提取解说或旁白信息。

景区旅行Vlog				
序号	环节	场地	内容	解说/旁白
1	去程	车上	引入主题	介绍景区交通方式及周边住宿攻略
2	抵达景区	景区入口	介绍景区	介绍景区历史、文化
3	欣赏风光	湖边	拍摄景区美景	介绍自然风光，推荐适合拍照打卡的角度
4	景区游玩	游乐场	拍摄体验游乐场项目	介绍游乐场项目类别、体验感及评价
5	景区美食	美食街	拍摄网红美食店试吃	介绍店铺信息及美食
6	景区购物	特产店	拍摄特产店购物	介绍特色产品
7	返程	车上	总结景区游玩经验、展示此行拍摄照片	推荐景区必玩项目、必看美景、必买好物、必尝美食

1.3.3 剧情类短视频脚本怎么写

剧情类短视频由于每个镜头中涉及的要素较多，所以需要应用到分镜头脚本。分镜头脚本中需要包括每个镜头的镜号、景别、运镜方式、拍摄地点、画面内容、台词对白、道具、背景音乐、音效、时长等内容。

剧情类短视频分镜头脚本										
镜号	景别	运镜方式	拍摄地点	画面内容	台词对白	道具	背景音乐	音效	时长/s	备注
1	中景	摇镜头	卧室窗前	镜头扫过家居环境，固定至窗前。角色A背对镜头，抬手关上窗户，转身向右侧走去，出画			伤感钢琴曲	窗外鸟鸣及人声，随着关窗停止；拖鞋走路声	2	
2	近景	固定	卧室衣柜	A伸手向衣柜，犹豫间，从中挑选了一套白色套装			同上	手与服装摩擦的声音	3	
3	近景	固定	卧室衣柜	换上白衣的A从衣袋里拿出某物，皱眉			同上	手与服装摩擦的声音	1	
4	特写	固定	卧室衣柜	拉开抽屉，放进去			同上	拉开抽屉声、关闭抽屉声	1	
5	全景	跟镜头	门口	背对镜头走向门口，开门，出去			同上	拖鞋走路声、开锁声	2	
6	中景	固定	另一间卧室	另一间卧室门口，背对镜头，角色B被门框遮住半个身体，望向出门的A			同上	关门声	1	

1.4 手机和相机拍摄的区别

1. 操作难度对比

手机拍照之所以可以普及到如今的程度，与其"傻瓜式"的操作模式有很大关系。的确，在光线充足的情况下，手机"一键拍摄"基本没有太大的失误。而反观专业的单反相机，虽然很"高级"，但是新手朋友直接拍摄的画面可能还不如手机拍得"好看"。这主要是因为专业的单反相机的参数设置较多，如果参数设置得不合理，画面就会出现模糊、

曝光错误等"低级"问题。

而手机默认的拍摄模式是"自动"模式，通常都会根据拍摄场景自动计算快门速度、光圈大小、感光度等参数，有的手机可能还会自动搜寻画面主体，锁定画面焦点。手机已经将这些烦琐的参数设置操作都做完了，所以用户自然能更轻松地得到看起来还不错的"画面"。

2. 便携度对比

从便携的角度来说，无论是与专业数码相机相比还是与微单相比，手机的便携性能自然更胜一筹。

3. 成像质量对比

限于专业相机与手机摄像头之间构造的区别，总的来说，相机的成像质量肯定超过绝大多数手机，但是随着手机技术的不断革新，手机摄影的画质及像素大小也在逐步提升。很多高端型号的手机，在光线充足的情况下拍摄的画面效果甚至不亚于相机。但是，在暗光条件下，手机拍摄效果则要差一些，这个"差"主要体现在画面清晰度差、细节不清晰、噪点多、可能发生抖动等方面。所以，在使用手机进行拍摄时，要学会扬长避短，在光线好的情况下大胆发挥手机优势；在暗光情况下尽量保持手机稳定，并配合参数设置以求得到更好的画质。

4. 专业程度对比

无论是影楼的人像摄影、广告公司拍摄的产品广告摄影，还是为杂志或图库平台提供风光照片的风光摄影，对于设备的要求都是比较高的，从这个角度来说，手机摄影是不太具备竞争力的。但是对于日益崛起的"自媒体""网红"群体来说，初期的诉求更多的是投入少、易操作、低人力成本，而一部拍摄功能较好的手机基本可以满足需求。

综合来说，专业的单反相机虽然成像效果更好，但是价格相对较高，不易携带，且参数复杂，对于新手朋友来说，过多的不可控因素很容易拍出"不及格"的照片，久而久之可能会丧失对摄影的热情。对于摄影新手来说，最主要的是建立对摄影的信心及保持对摄影的热爱。

1.5 拍摄器材及辅助道具

在使用手机、单反相机、摄像机等设备拍摄短视频时，还需要辅助的工具使得视频拍摄得更稳、画面更好、声音更清晰等。

1.5.1 三脚架："稳"才是最重要的

一张因抖动而模糊的照片通常是不理想的。设备稳定对拍摄效果有较大的影响，尤其在弱光条件下拍摄或延时摄影时，可伸缩的便携三脚架是非常好的选择。而且对于自拍爱好者来说，自拍杆可拍的画面角度非常有限，而使用三脚架则避免了这个问题。在使用三脚架自拍时，可以使用定时拍摄，或配备遥控快门。如图1-12所示。

图1-12

1.5.2 稳定器：拍摄视频更稳定

稳定器可以有效降低操作者本身晃动带来的不利影响，防止拍摄过程中的颠簸和抖动，保证拍摄画面的清晰度。如图1-13所示。

图1-13

1.5.3 补光灯：提升画面效果的"神器"

光线对照片成像质量及画面效果有非常大的影响，而无论是在室内拍照还是在室外拍照，经常会遇到光线不理想的情况，这就需要摄影师额外准备补光设备。

辅助手机摄影的补光灯类型比较多，如可以夹在手机上针对自拍时面部补光的小型补光灯。

此外，还有可对静物或场景进行补光的便携式LED补光灯。这类灯具尺寸稍大一些，在相机摄影及短视频拍摄中都比较常用。如图1-14所示。

图 1-14

1.5.4 收音设备

1. 手机/相机内置收音

安静的室内环境，手机/相机近距离靠近音源时，可以得到基本清晰的声音。如果拍摄距离稍远，也可单独用另一个手机作为"录音机"，靠近音源，录制音频后通过剪辑软件合成到视频中。

录制单人出镜的短视频时，也可将带有麦克风功能的有线耳机插到手机上，收音距离更近，位置也更灵活。如图1-15所示。

图 1-15

但如果在户外、嘈杂空间或人物与拍摄设备距离较远时，仅靠手机/相机的内置收音功能，往往会出现杂音多、音量小、得不到清晰人声的情况。此时就需要单独准备收音设备。

2. 枪型麦克风

枪型麦克风灵敏度高、指向性强，适合正对麦克风进行录制，其他方向的声音不会被收入。枪型麦克风可通过热靴接入相机，适合相对安静的拍摄环境，如采访、访谈类短视频，穿搭、美妆、拆箱等沉浸式短视频，也可用于剧情类短视频的现场收音。但要注意，枪型麦克风收音范围有限，要避免距离音源太远的收音情况。如图1-16所示。

图 1-16

3. 领夹式麦克风

由于枪型麦克风需要连接在拍摄设备上，所以会有距离上的限制。而无线的领夹式麦克风（也常被称为领夹麦、小蜜蜂）可固定在被摄者身上。由于距离音源近，且不受距离和角度的限制，即使在嘈杂的环境中也可以得到比较清晰干净的声音。适合探店类、旅行类、知识类等1～2人出镜且需要大量说话的短视频中。如图1-17所示。

图 1-17

4. 大振膜麦克风

大振膜麦克风适合在室内收音、唱歌类短视频、直播、专业配音等对音质要求比较高的情况下使用。由于其灵敏度高，所以对收音环境的要求也比较高，适用于安静的室内或专业录音棚，不适合房间回音大、噪声大的场所。大振膜麦克风需要连接电脑录制音频，然后通过剪辑软件与视频进行对轨操作。如图1-18所示。

图 1-18

5. 动圈麦克风

相对于大振膜麦克风，动圈麦克风的优点在于对环境噪声的要求要低一些，但相对地，音质方面也要弱于大振膜麦克风。如图 1-19 所示。

图 1-19

想要得到更好的收音效果，要注意以下两点。

（1）在环境可控的情况下，尽量选择安静、封闭的空间，避免噪声干扰。

（2）麦克风要尽量靠近音源（人或发声体），但也不要太近，避免出现"音爆"。枪型麦克风距离音源 50cm 左右；领夹式麦克风距离音源 10~20cm 即可；大振膜麦克风距离音源 50cm 之内基本都可以得到不错的收音效果，如果想要得到更加饱满的声音可适当靠近。

1.5.5 手机外置镜头：探索不同的视野

手机自带镜头本身有很大的局限性，安装外置镜头和滤镜可以拍摄更多的效果。安装"广角镜头"可以拍摄超大广角；安装"微距镜头"可以拍摄微小细节；安装"星光滤镜"可以拍摄星光；安装"渐变滤镜"可以增强风光中的部分颜色。如图 1-20 所示。

图 1-20

1.5.6 遥控快门：自拍更轻松

遥控快门可以避免手动按下快门可能对设备造成的振动，同时也解决了人机距离的问题。目前的遥控快门体积较小，蓝牙连接，非常方便。将手机放在远处自拍时，按下遥控快门即可拍照。如图 1-21 所示。

图 1-21

1.6 景别

"景别"是摄影及摄像中经常会提到的关键词，主要是人物在画面中所呈现出的范围大小的区别。景别通常可以分为"远、全、中、近、特"五类。画面中的人物距离镜头越近，画面中的元素就会越少，观者与画面的情感交流也就越强，越容易打动观者。相反，画面中的人物距离镜头越远，人物越小，会给人以距离感，而远距离的人和人之间的情感影响就会弱一些。

（1）远景：包含完整人物以及人物所处环境。

（2）全景：包含完整人物以及部分环境。

（3）中景：包含人物膝部以上画面。

（4）近景：包含人物胸部以上画面。

（5）特写：包含人物肩部以上画面，可更强烈地表现情感。

1.7 拍摄视角

拍摄视角是指相机相对于被摄物的角度，常见的拍摄视角有平视、俯视和仰视。如图 1-22 所示。

平视是给人感觉最自然的视角，能够更准确地还原被摄物的形态及比例。如图 1-23 所示。

俯视会使被摄物看起来更矮，完全俯视会使物体看起来扁平，拍摄静物、美食、航拍建筑时比较常用。如图 1-24 所示。

图 1-22

图 1-23

图 1-24

仰视会使被摄物看起来更加高大，拍摄人物或建筑时比较常用。如图 1-25 所示。

图 1-25

1.8 运镜技巧

运动镜头通过拍摄设备不同的运动方式，使画面呈现出不同的动态感。与静止镜头相比，运动镜头更有张力，即使拍摄的内容静止，也能够通过运动镜头使画面更具冲击力。常见的运动镜头有推镜、拉镜、摇镜、移镜、跟镜、甩镜、升镜、降镜。

1. 推镜

推镜是指向前推进拍摄设备，或通过变焦的方式放大画面某处。推镜可以通过排除部分画面信息，从而更好地强化核心内容的展示。例如，从较大的场景逐渐推近，使观者的视线聚集在人物处。如图 1-26 所示。

图 1-26

2. 拉镜

拉镜与推镜正好相反，是指摄像机从画面某处细节逐渐向远处移动，或通过变焦的方式扩大画面显示范围。拉镜通常用于环境的交代及开阔场景的展示，也可起到情绪渲染与主题升华的作用。例如，从公路上行驶的汽车向远处拉镜头，直至画面中出现公路两侧的岩石与海面，随着逐渐变得渺小的汽车，自然力量的宏大之感逐渐呈现。如图 1-27 所示。

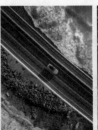

图 1-27

3. 摇镜

摇镜是指拍摄机位不同，设备以某一点为轴心，向上下或左右摇动拍摄的拍摄方式。摇镜也是新手朋友最常用的一种拍摄方式，常用于拍摄宽、广、深、远的场景。例如，在拍摄原野时，静态的镜头很可能无法完全展现场景的开阔，此时就可以采用横向摇镜的方式进行拍摄。也可用于拍摄运动的人或物，如奔跑的动物、嬉闹的孩童。同样也适用于表现两个人或物之间的关联。如图1-28～图1-30所示。

图 1-28

图 1-29

图 1-30

4. 移镜

移镜是指将摄影机在水平方向上按照一定的运动轨迹移动拍摄。可以手持拍摄设备，也可以将拍摄设备放置在移动的运载工具上。移镜不仅可以使更多场景入画，还可以营造出带有流动感的视觉效果，使观众产生更强的代入感。如图1-31所示。

图 1-31

5. 跟镜

跟镜是指拍摄设备跟随被摄对象保持相应的运动进行拍摄。跟镜中的主体物相对稳定，而背景环境一直处于变化状态。跟镜有跟摇、跟移、跟推三种方式，可以产生流畅连贯的视觉效果，如跟随主体人物去往某处，常用于旅行Vlog、探店类短视频的拍摄中。如图1-32所示。

图 1-32

6. 甩镜

甩镜是指在镜头中前一画面结束后不停止拍摄，而是快速地将镜头甩到另一个方向，使画面中的内容快速转变为另一内容。这种镜头运动方式与人突然转头时产生的视觉感受非常接近，常用于表现空间的转换，或是同一时间内另一空间的情景。如图1-33所示。

图 1-33

7. 升镜

升镜是指拍摄设备从平摄缓慢升高，如果配合拉镜形成俯拍视角，可以显示广阔的空间，以实现情绪升华的效果，常用于剧情的结尾处。如图1-34所示。

图 1-34

8. 降镜

降镜与升镜相反，是指拍摄设备下降拍摄。可从大场景向下降镜拍摄，实现从场景到事件或人物的转换，常用于剧情的起始处。如图1-35所示。

图 1-35

1.9 用光技巧

根据光的照射方向的不同，可以分为顶光、正面光、侧光、逆光四种，不同方向的光感受不同，下面以拍摄人物为例一一进行介绍。

1. 顶光

灯光位于被拍摄者顶部，照射出头发、额头、颧骨上方、鼻子上方很亮，眼睛、脸颊很暗的效果。如图1-36所示。

图 1-36

2. 正面光

灯光位于被拍摄者前方，也就是通常所说的顺光。该方式受光均匀、阴影较柔和、色彩饱和、明暗反差较小、立体感较差。但是这恰好适合拍摄女性、儿童，使皮肤显得更光滑、娇嫩。如图1-37所示。

图 1-37

3. 侧光

灯光位于被拍摄者侧面，其中纯侧光和45°侧光较为常见。被摄体的明暗反差较大，立体感很强。很适合拍摄山脉、建筑、人像的立体感。如图1-38所示。

图 1-38

4. 逆光

灯光位于被拍摄者后方。可以清晰地拍出被摄体的轮廓，适合拍摄人像轮廓光、建筑剪影等效果，人的头发丝会非常清晰。如图1-39所示。逆光拍摄，在天空较亮处测光，可以拍出建筑或植物的剪影效果。如图1-40所示。

图 1-39

图 1-40

Chapter
2
第2章

短视频构图

本章内容简介

　　本章将讲解十余种常用的短视频构图方式，通过对本章的学习，可以提高拍摄视频的美感、艺术感、氛围感，提升短视频作品的质量。

重点知识掌握

- 横屏拍摄还是竖屏拍摄
- 常用短视频构图方式

优秀作品欣赏

2.1 横屏拍摄还是竖屏拍摄

在拍摄视频之前，首先要考虑的就是画面的比例，如常见的宽高比为9∶16的竖屏、16∶9的横屏。除此之外，还有9∶16的横拍竖发，即将横屏的视频以竖屏的形式上传，上下空白区域可添加文字等信息。如图2-1所示。

竖屏   横屏   横拍竖发

图 2-1

不同的平台对投放视频的要求各不相同，即使很多平台并不会对视频的比例作严格的要求，但在拍摄之前也要考虑到该平台的用户使用习惯。例如，就目前的趋势而言，抖音、快手、小红书等平台对视频比例虽然没有严格的要求，但其中竖屏视频居多。而知乎、哔哩哔哩等平台则是横屏视频较多。

画幅	时长差异	优势	劣势	适用主体
竖屏	适合时间稍短的视频	更符合手机用户的手持习惯，主体物更突出，观看视频更具代入感	视野范围较小	娱乐类、资讯类、个人生活展示类
横屏	适合时间稍长的视频	符合人类的视域范围，场景饱满，可容纳内容多，视觉效果更开阔	部分平台不支持，或需要旋转屏幕	故事类、知识类、影视剪辑类

以上规律适用于一般情况，但实际拍摄过程中也要根据拍摄内容来定。当然，如果需要在多平台投放，可以尝试使用两台拍摄设备同时拍摄横屏视频和竖屏视频，以适应不同的使用情况。

2.2 常用短视频构图方式

构图是短视频拍摄时非常重要的部分，本节通过讲解多种常用的构图技巧，为大家打开拍摄时的构图思路，让视频更生动、更有趣。

2.2.1 中心式构图

中心式构图是指将主体物放置在画面中心的构图方式。如图2-2和图2-3所示。

- 中心式构图方式直抒胸臆，可以将画面重点直观地展现给观者。
- 中心式构图视觉聚集，效果直观，适合单一人物的拍摄或静物的展示。

图 2-2   图 2-3

2.2.2 三分法构图

三分法构图又称"井字构图""九宫格构图"，是指将画面横竖各画两条线，均分为水平、垂直各3部分，共9个方格。将想要重点表现的部分放置于交汇点上，这4个点就是画面的"兴趣点"。如图2-4和图2-5所示。

三分法构图可以说是新手进阶最实用的构图妙招，尝试将主体物摆放在某一"兴趣点"处，让画面不再呆板。

图 2-4   图 2-5

2.2.3 对称构图

对称构图是指画面上下对称或左右对称的构图方式。如图2-6所示。

- 对称构图常给人平衡、稳定的感觉。
- 该构图方式的缺点在于如果运用不善，可能会造成画面变化不足、略显单一的问题。

图 2-6

2.2.4 分割构图

分割构图是指将画面一分为二的构图方式。常用于自然风光的拍摄中，也就是通常所说的"一半天、一半景"。如图 2-7 和图 2-8 所示。

- 分割构图方式画面相对简洁、直接，主题传达较为明确。
- 与三分法构图相比，分割构图的画面层次较少。

图 2-7   图 2-8

2.2.5 倾斜构图

倾斜构图是指画面中有明显的"斜线"将画面一分为二的构图方式。构成斜线的内容可以是物体、人物、地平面，甚至是光影、色块。如图 2-9 和图 2-10 所示。

- 水平的画面常给人以稳定感，而倾斜构图则恰恰相反，可营造出活力、节奏、韵律、动感等正面情绪。
- 倾斜构图也适用于展现危机、动荡、不安等负面情绪的画面中。所以，无论是在动态的视频还是静态摄影中，倾斜构图都是一种常用于"讲故事""抒发情绪"的构图方式。
- 拍摄时可以充分运用光影、色彩、场景元素摆放等各种方式设置倾斜构图。

图 2-9   图 2-10

2.2.6 曲线构图

曲线构图是指画面中存在明显曲线变化的构图方式，如弧线、S形曲线、螺旋线等。曲线构图中各元素之间刚柔相济、流畅典雅，极具韵律美和节奏感。如图 2-11 和图 2-12 所示。

该构图方式常用于拍摄蜿蜒的河流、盘山公路、城市立交桥、弯曲街道等。

图 2-11   图 2-12

2.2.7 聚焦构图

聚焦构图是指四周景物形成的线条向同一聚集点聚集的构图方式。如图 2-13 和图 2-14 所示。

- 该构图方式能够引起强烈的视觉聚焦效果，所以可在聚焦点处设置特定元素以表达主题。
- 该构图方式适合表现透视感强的空间。

图 2-13   图 2-14

2.2.8 框架式构图

框架式构图是指景物组成框架，将观众视线引向框架内的构图方式。该构图方式可以丰富画面的景物层次，空间感强。如图2-15和图2-16所示。

- 框架可以是任何形状，如方形、圆形、不规则图形等。
- 任何景物都可以组成框架，如树枝、窗、门、墙、手等，甚至光影都可以成为框架。

图2-15   图2-16

2.2.9 留白式构图

留白式构图是指在画面中只保留较少的元素，且主体元素通常占画面比例较小的构图方式。留白中的"白"不是指"白色"，而是指没有太大变化的"空白"。如图2-17和图2-18所示。

- 留白式构图是一种去繁从简、以少胜多的构图方式，方寸之地亦显天地之宽。
- 该构图方式会产生更多想象空间与艺术美感。

图2-17   图2-18

2.2.10 垂直/水平构图

垂直/水平构图是指通过巧妙地排布画面元素，使画面存在垂直或水平分割画面的线条，从而将画面划分成多个区域的构图方式。如图2-19和图2-20所示。

- 利用这种构图方式应注意拍摄设备要端平，不要倾斜。
- 每个区域的大小、疏密的变化，会产生更具韵律的画面感。
- 该构图方式适合拍摄飞泻的瀑布、笔直的树林、耸立的高楼等。

图2-19   图2-20

2.2.11 三角形构图

三角形构图是指画面中一个呈三角形的视觉元素或多个视觉元素为三点连线形成一个三角形的构图方式。三角形构图又包括"正三角""倒三角"。如图2-21和图2-22所示。

- "正三角"更稳定、安静，常用于拍摄建筑物、人等。
- "倒三角"更不稳定、动态，常用于拍摄运动题材，如滑雪、滑板、舞蹈等。

图2-21   图2-22

短视频剪辑篇

Chapter
3
第3章

Premiere短视频剪辑

本章内容简介

　　视频剪辑是对视频进行非线性编辑的一种方式。在剪辑过程中可通过对加入的图片、配乐、特效等素材与视频进行重新组合，以分割、合并等方式生成一个更加精彩的、全新的视频。本章主要介绍视频剪辑的主要流程、剪辑工具的使用方法，以及剪辑在视频中的应用等。

重点知识掌握

- 认识剪辑工具
- 短视频剪辑实例应用

优秀作品欣赏

3.1 认识剪辑工具

在Premiere Pro中，将镜头进行删减、组接、重新编排可形成一个完整的视频影片。接下来讲解几个在剪辑中经常使用的工具。

3.1.1 【工具】面板

【工具】面板中包括【选择工具】【向前/向后选择轨道工具】【波纹编辑工具】【剃刀工具】等18种工具，如图3-1所示。其中部分工具在视频剪辑中的应用十分广泛。

图3-1

1. 选择工具

（选择工具）按钮，快捷键为V。顾名思义，是选择对象的工具，在Premiere Pro中它可对素材、图形、文字等对象进行选择。

2. 向前/向后选择轨道工具

（向前选择轨道工具）/（向后选择轨道工具）按钮，快捷键为A/Shift+A。可选择目标文件左侧或右侧同轨道上的所有素材文件，当【时间轴】面板中的素材文件过多时，使用该工具选择文件更加方便快捷。

（1）以（向前选择轨道工具）为例，若要选择V1轨道上01.jpg素材文件后方的所有素材文件，可先单击（向前选择轨道工具）按钮，然后单击【时间轴】面板中的01.jpg和02.jpg，如图3-2所示。

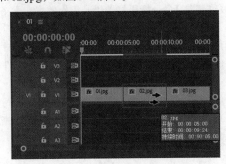

图3-2

（2）此时01.jpg素材文件后方的文件被全部选中，如图3-3所示。

图3-3

3. 波纹编辑工具

（波纹编辑工具）按钮，快捷键为B。可调整选中素材文件的持续时间，在调整素材文件时素材的前方或后方可能会有空位出现，此时相邻的素材文件会自动向前/后移动进行空位的填补。

调整V1轨道上01.jpg素材文件的持续时间，将长度适当缩短。单击（波纹编辑工具）按钮，将光标定位在01.jpg和02.jpg素材文件的中间位置，当光标变为时，按住鼠标左键向左侧拖动，如图3-4所示。此时01.jpg素材文件后方的全部文件会自动向前跟进，如图3-5所示。

图3-4

图3-5

4. 滚动编辑工具

（滚动编辑工具）按钮，快捷键为N。在素材文件总长度不变的情况下，可控制素材文件自身的长度，并可适当调整剪切点。

（1）选择V1轨道上的01.jpg素材文件，若想将该素材文件的长度延长，可单击 ⊞（滚动编辑工具）按钮，将光标定位在01.jpg素材文件的上方，按住鼠标左键向右侧拖动，如图3-6所示。

图3-6

（2）在不改变素材文件总长度的情况下，此时01.jpg素材文件变长，而相邻的02.jpg素材文件的长度会相对进行缩短，如图3-7所示。

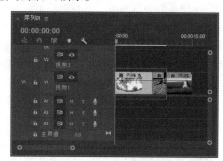

图3-7

5. 比率拉伸工具

⟪⟫（比率拉伸工具）按钮，可以改变【时间轴】面板中素材文件的播放速度。

单击 ⟪⟫（比率拉伸工具）按钮，当光标变为 ⟪⟫ 时，按住鼠标左键向右侧拖动，如图3-8所示。此时该素材文件的播放时间变长，速度变慢，如图3-9所示。

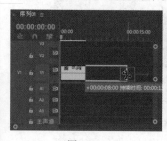

图3-8　　　　　图3-9

6. 剃刀工具

◆（剃刀工具）按钮，快捷键为C。可将一段视频裁剪为多个视频片段，按住Shift键可以同时裁剪多个轨道中的素材。

（1）单击 ◆（剃刀工具）按钮，将光标定位在素材文件的上方，单击即可进行裁剪，如图3-10所示。裁剪完成后，该素材文件的每一段都可作为一个独立的素材文件，如图3-11所示。

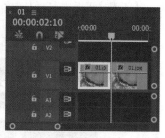

图3-10　　　　　图3-11

（2）同时裁剪多个素材文件。取消选择任何素材，单击 ◆（剃刀工具）按钮，按住Shift键后单击，即可同时裁剪多个轨道上的素材文件。此时时间线上位于不同轨道上的素材文件会被同时进行裁剪，如图3-12所示。

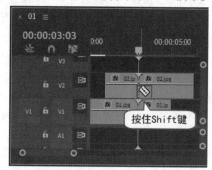

图3-12

7. 波纹删除

【波纹删除】命令能很好地提升工作效率，常搭配【剃刀工具】一起使用。在剪辑时，通常会将废弃片段进行删除，使用【波纹删除】命令不用再去移动其他素材来填补删除后的空白，它能在删除的同时将前后素材文件很好地连接在一起。

（1）单击 ◆（剃刀工具）按钮，将时间线滑动到合适的位置，单击剪辑01.jpg素材文件，此时01.jpg素材文件被分割为两部分，如图3-13所示。

Premiere短视频制作教程（案例视频 全彩版）

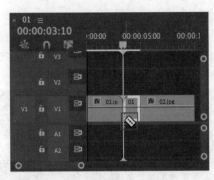

图 3-13

（2）单击▶（选择工具）按钮，然后在 01.jpg 素材文件的后半部分上右击，在弹出的快捷菜单中执行【波纹删除】命令，如图 3-14 所示。此时 02.jpg 素材文件会自动向前跟进，如图 3-15 所示。

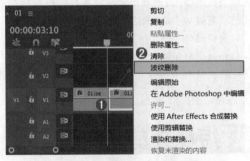

图 3-14

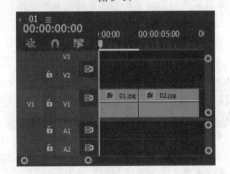

图 3-15

3.1.2 【节目监视器】面板

在 Premiere Pro 的【节目监视器】面板底部设有各种功能的编辑按钮，使用这些按钮可以更便捷地对所选素材进行操作。同时可根据自己的习惯，通过单击该面板右下角的➕（按钮编辑器）按钮，自定义各个按钮的排列位置及显隐情况。图 3-16 所示为默认状态下的【节目监视器】面板。

图 3-16

- 添加标记：用于标注素材文件需要编辑的位置，快捷键为 M。
- 标记入点：定义操作区段的起始位置，快捷键为 I。
- 标记出点：定义操作区段的结束位置，快捷键为 O。
- 转到入点：单击该按钮，可将时间线快速移动到入点位置，快捷键为 Shift+I。
- 后退一帧（左侧）：可使时间线向左侧移动一帧。
- 播放/停止切换：单击该按钮，可使素材文件进行播放/停止播放，快捷键为 Space。
- 前进一帧（右侧）：可使时间线向右侧移动一帧。
- 转到出点：单击该按钮，可将时间线快速移动到出点位置，快捷键为 Shift+O。
- 提升：单击该按钮，可将出入点之间的区段自动裁剪掉，并且该区域以空白的形式呈现在【时间轴】面板中，后方素材不自动向前跟进，快捷键为；。
- 提取：单击该按钮，可将出入点之间的区段自动裁剪掉，素材后方的其他素材会随着剪辑自动向前跟进。
- 导出帧：可将当前帧导出为图片。
- 按钮编辑器：可对监视器面板底部的按钮进行添加/删除等自定义操作。

3.1.3 设置素材的入点和出点

素材的入点和出点是指经过修剪后为素材设置开始时间位置和结束时间位置，也可理解为定义素材的操作区段。此时入点和出点之间的素材会被保留，而其他部分保留性删除。可通过此方法进行快速剪辑，并且在导出文件时以该区段作为有效时间进行导出。

（1）在【时间轴】面板中将时间线拖动到合适的位置，单击 ▌（标记入点）按钮或按快捷键I设置入点，如图3-17所示。此时在【时间轴】面板中的相同位置也会出现入点符号，如图3-18所示。

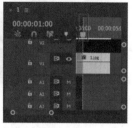

图3-17　　　　　　　　图3-18

（2）继续滑动时间线，选择合适的位置，单击 ▌（标记出点）按钮或按快捷键O设置出点，如图3-19所示。此时在【时间轴】面板中的相同位置也会出现出点符号，如图3-20所示。

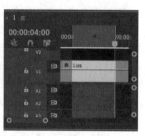

图3-19　　　　　　　　图3-20

3.1.4　使用【提升】和【提取】快速剪辑

出入点设置完成后，出入点之间的区段可通过【提升】及【提取】进行剪辑操作。

1. 提升

单击【节目监视器】面板下方的 ▣（提升）按钮或在菜单栏中执行【序列】→【提升】命令，此时出入点之间的区段自动删除，并以空白的形式呈现在【时间轴】面板中，如图3-21所示。

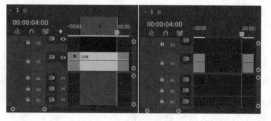

图3-21

2. 提取

单击【节目监视器】面板下方的 ▣（提取）按钮或在菜单栏中执行【序列】→【提取】命令，此时出入点之间的区段在删除的同时后方素材会自动向前跟进，如图3-22所示。

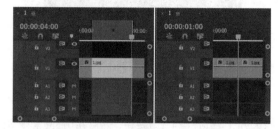

图3-22

> 🐱 **技巧提示**：使用快捷键快速剪辑技巧。
>
> （1）快捷键Q：波纹删除素材前半部分。
> （2）快捷键W：波纹删除素材后半部分。
> （3）快捷键Ctrl+K：快速裁剪。
> （4）快捷键Shift+Delete：波纹删除。
> （5）快捷键Shift+C：单击目标可同时对多个轨道进行裁剪。

3.2　短视频剪辑实例应用

本节以实例的形式讲解剪辑工具的基本操作，以及使用剪辑工具剪辑视频的操作步骤。

3.2.1　实例：定格风景黑白卡点

扫一扫，看视频

实例路径	Chapter 03　Premiere短视频剪辑→实例：定格风景黑白卡点

本实例首先使用【标记】记录需要定格的位置，使用【比率拉伸工具】调整素材播放速度，并对素材进行帧定格，最后为定格的素材添加黑白和画面对比度效果。实例效果如图3-23所示。

图3-23

操作步骤

步骤 01 执行【文件】→【新建】→【项目】命令，新建一个项目。执行【文件】→【导入】命令，导入全部素材文件，如图3-24所示。在【项目】面板中将配乐.mp3素材文件拖动到【时间轴】面板中的A1轨道上，如图3-25所示。此时将自动生成序列。

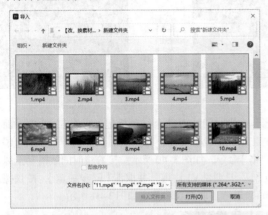

图 3-24

图 3-25

步骤 02 在【项目】面板中右击配乐序列，在弹出的快捷菜单中执行【序列设置】命令，如图3-26所示。在弹出的【序列设置】对话框中设置【时基】为29.97帧/秒，如图3-27所示。

图 3-26

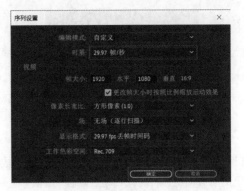

图 3-27

步骤 03 将时间线滑动到14秒26帧位置处，使用快捷键W波纹删除素材后半部分，如图3-28所示。将时间线滑动到起始帧位置处，单击▶(播放/停止切换)按钮或者按Space键聆听配乐，在节奏强烈的位置按M键快速添加标记，直到音频结束，此时共添加了11个标记，如图3-29所示。

图 3-28　　　　　　　图 3-29

步骤 04 由于稍后需要继续添加标记，为了相互区别，更改刚刚添加的标记的颜色。双击添加的标记，弹出【标记】对话框，设置【标记颜色】为红色，接着单击【确定】按钮，如图3-30所示。使用同样的方式更改其他标记的颜色，此时【时间轴】面板中的标记如图3-31所示。

图 3-30

图 3-31

步骤 05 单击选择第一个红色标记，按住Shift键的同时按键盘上的右方向键，将时间线向右侧移动5帧。连着按2次，此时时间线向右移动15帧，在当前位置按M键进行标记，如图3-32所示。使用同样的方式在其他红色标记后方15帧位置处添加绿色标记，如图3-33所示。

图 3-32　　　　　　　图 3-33

步骤 06 在【项目】面板中将1.mp4素材文件拖动到【时间轴】面板中的V2轨道上，如图3-34所示。按住Alt键单击A2轨道上的1.mp4素材文件，接着按Delete键删除音频，如图3-35所示。

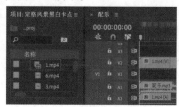

图 3-34　　　　　　　图 3-35

步骤 07 在【时间轴】面板中单击1.mp4素材文件，接着在【效果控件】面板中展开【运动】，设置【缩放】为85.0，如图3-36所示。滑动时间线显示画面效果，如图3-37所示。

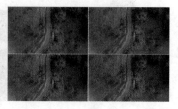

图 3-36　　　　　　　图 3-37

步骤 08 在【时间轴】面板中右击1.mp4素材文件，在弹出的快捷菜单中执行【速度/持续时间】命令，如图3-38所示。在弹出的【剪辑速度/持续时间】对话框中设置【速度】为300%，接着单击【确定】按钮，如图3-39所示。

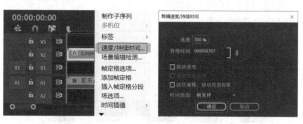

图 3-38　　　　　　　图 3-39

步骤 09 将时间线滑动至红色标记处，在【时间轴】面板中右击1.mp4素材文件，在弹出的快捷菜单中执行【添加帧定格】命令，如图3-40所示。接着将时间线滑动至绿色标记处，只激活V1轨道，并取消【同步锁定】，按快捷键Shift+W进行自动波纹裁剪，如图3-41所示。

图 3-40　　　　　　　图 3-41

步骤 10 在【项目】面板中将2.mp4素材文件拖动到【时间轴】面板中V2轨道1.mp4素材文件后方，如图3-42所示。按住Alt键单击A2轨道上的2.mp4素材文件，接着按Delete键删除，如图3-43所示。

步骤 11 在【时间轴】面板中单击2.mp4素材文件，接着在【效果控件】面板中展开【运动】，设置【缩放】为153.0，如图3-44所示。

图 3-42

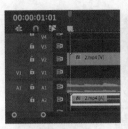

图 3-43   图 3-44

步骤 12 在【时间轴】面板中右击2.mp4素材文件，在弹出的快捷菜单中执行【速度/持续时间】命令，如图3-45所示。在弹出的【剪辑速度/持续时间】对话框中设置【速度】为500%，接着单击【确定】按钮，如图3-46所示。

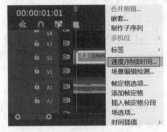

图 3-45

图 3-46

步骤 13 将时间线滑动至红色标记处，在【时间轴】面板中右击2.mp4素材文件，在弹出的快捷菜单中执行【添加帧定格】命令，如图3-47所示。接着将时间线滑动至绿色标记处，只激活V1轨道，并取消【同步锁定】，按快捷键Shift+W进行自动波纹裁剪，如图3-48所示。

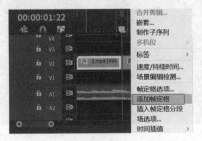

图 3-47

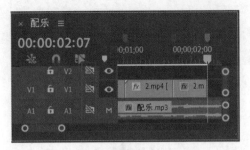

图 3-48

步骤 14 使用同样的方式制作剩余素材文件，并设置合适的大小、速度、帧定格效果，如图3-49所示。框选V2轨道上的所有素材文件，按住Shift键向下拖动到V1轨道上，如图3-50所示。

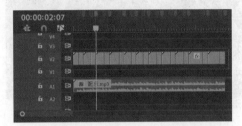

图 3-49

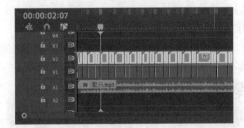

图 3-50

步骤 15 在【效果】面板中搜索【Brightness & Contrast】效果，将其拖动到红色标记与绿色标记中间的素材上，如图3-51所示。在【时间轴】面板中单击添加效果后的1.mp4素材文件，在【效果控件】面板中展开【Brightness & Contrast】，设置【亮度】为13.0，【对比度】为47.0，如图3-52所示。

图 3-51

图 3-52

步骤 16 在【效果】面板中搜索【黑白】效果，将其拖动到红色标记与绿色标记中间的素材上，如图 3-53 所示。

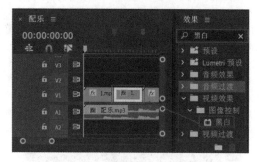

图 3-53

步骤 17 使用同样的方法将【Brightness & Contrast】和【黑白】效果拖动到其他红色标记与绿色标记中间的素材上，并设置合适的数值。

本实例制作完成，滑动时间线查看黑白定格画面效果，如图 3-54 所示。

图 3-54

3.2.2 实例：多机位快速剪辑视频

实例路径	Chapter 03　Premiere短视频剪辑→实例：多机位快速剪辑视频

扫一扫，看视频

在多个机位拍摄同一幅画面的前提下，使用多机位剪辑会更加便捷，提高剪辑的效率。实例效果如图 3-55 所示。

图 3-55

操作步骤

Part 01　剪辑多机位视频

步骤 01 执行【文件】→【新建】→【项目】命令，新建一个项目。执行【文件】→【导入】命令，导入全部素材文件，如图 3-56 所示。执行【文件】→【新建】→【序列】命令，在【新建序列】窗口中单击【设置】按钮，弹出【序列设置】对话框。设置【编辑模式】为 ARRI Cinema，【时基】为 29.97 帧/秒，【帧大小】为 1920，【水平】为 1080，【像素长宽比】为方形像素（1.0），如图 3-57 所示。

图 3-56

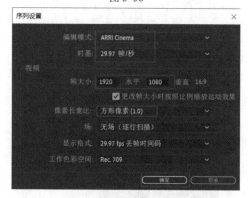

图 3-57

步骤 02 在【项目】面板中依次选择01.mp4 ~ 04.mp4视频素材文件,依次拖动到【时间轴】面板中的V1 ~ V4轨道上,如图3-58所示。

图 3-58

步骤 03 在【时间轴】面板中框选所有素材文件,将时间线滑动到6秒02帧位置处,按快捷键W波纹删除素材后半部分,如图3-59所示。

图 3-59

步骤 04 框选【时间轴】面板中视频轨道的全部内容,右击,在弹出的快捷菜单中执行【嵌套】命令,如图3-60所示。在弹出的【嵌套序列名称】对话框中设置【名称】为嵌套序列01,此时【时间轴】面板如图3-61所示。

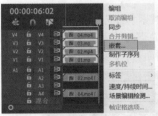

图 3-60   图 3-61

步骤 05 框选全部音频素材,按Delete键将其删除,如图3-62所示。右击【嵌套序列01】,在弹出的快捷菜单中执行【多机位】→【启用】命令,如图3-63所示,此时多机位被激活。

图 3-62

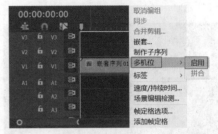

图 3-63

步骤 06 单击【节目监视器】面板右下角的➕(按钮编辑器)按钮,在【按钮编辑器】窗口中按住▦◻(切换多机位视图)按钮,将其拖动到按钮栏中,接着单击【确定】按钮,如图3-64所示。单击▦◻按钮,【节目监视器】变为多机位剪辑框,分为两部分,左边为多机位窗口,右边为录制窗口,如图3-65所示。

图 3-64

图 3-65

步骤 07 剪辑多机位素材。在【节目监视器】面板底部单击▶ (播放/停止切换) 按钮，此时选中的画面边框为黄色。单击左侧多机位窗口4个机位中的任意画面，此时正在被剪辑的机位画面边框呈红色，说明正在录制此机位的画面，同时右侧的录制窗口会呈现此机位的画面，如图3-66所示。在多机位窗口中不断单击需要的机位的画面，直到录制完毕；或单击▶ (播放/停止切换) 按钮，停止录制，此时【时间轴】面板中的素材文件被分段剪辑，如图3-67所示。

图 3-66

图 3-67

技巧提示：多机位剪辑。

多机位剪辑手法常用于剪辑一些分镜画面，如会议视频、晚会活动、MV画面，以及电影等，剪辑时最好在同一个音频下将音频声波对齐，这样才能更准确地转换画面剪辑，如图3-68所示。

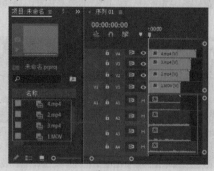

图 3-68

Part 02　添加过渡效果并为视频调色

步骤 01 将【项目】面板中的配乐.mp3素材文件拖动到A1轨道上，并设置结束时间为6秒02帧。接着在【效果】面板中搜索【白场过渡】效果，按住鼠标左键将该效果拖动到V1轨道上第一个素材文件的起始位置，如图3-69所示。将时间线滑动至1秒12帧处，按快捷键Ctrl+D应用默认过渡，如图3-70所示。

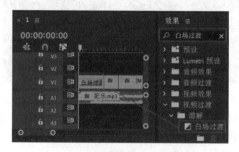

图 3-69

图 3-70

步骤 02 在【效果】面板中搜索【急摇】效果，按住鼠标左键将该效果拖动到相邻两个素材的中间位置，如图3-71所示。在【效果】面板中搜索【交叉缩放】效果，按住鼠标左键将该效果拖动到相邻两个素材的中间位置，如图3-72所示。

步骤 03 在【效果】面板中搜索【黑场过渡】效果，按住鼠标左键将该效果拖动到V1轨道的结束位置，如图3-73所示。此时滑动时间线查看画面效果，如图3-74所示。

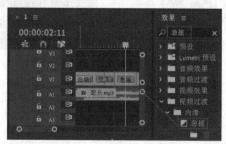

图 3-71

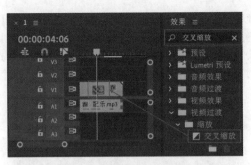

图 3-72

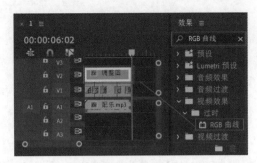

图 3-77

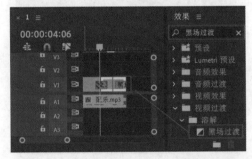

图 3-73

步骤 06 在【时间轴】面板中选择调整图层，在【效果控件】面板中展开【RGB曲线】，在【主要】下方的曲线上单击添加一个锚点并向左上角拖动，再次添加一个锚点并向左上角拖动提高画面亮度，如图3-78所示。此时画面效果如图3-79所示。

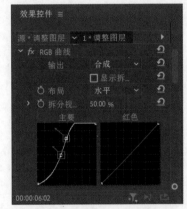

图 3-78

图 3-74

步骤 04 可以看出当前画面过暗，在【项目】面板下方空白位置处右击，执行【新建项目】→【调整图层】命令，如图3-75所示。将【项目】面板中的调整图层拖动到【时间轴】面板中的V2轨道上，设置结束时间与V1轨道素材的结束时间相同，如图3-76所示。

图 3-75   图 3-76

步骤 05 在【效果】面板中搜索【RGB曲线】效果，按住鼠标左键将该效果拖动到V2轨道中的调整图层上，如图3-77所示。

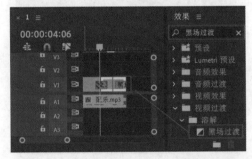

图 3-79

步骤 07 在【效果】面板中搜索【Lumetri 颜色】效果，按住鼠标左键将该效果拖动到V2轨道中的调整图层上，如图3-80所示。

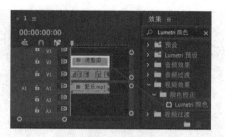

图 3-80

步骤 08 在【时间轴】面板中选择调整图层，在【效果控件】面板中展开【Lumetri颜色】→【基本校正】→【颜色】，设置【色温】为-16.0，【色彩】为15.0；展开【灯光】，设置【曝光】为0.3，【对比度】为1.0，【高光】为6.0，【阴影】为8.0。如图 3-81 所示。

本实例制作完成，滑动时间线查看画面效果，如图 3-82 所示。

图 3-81

图 3-82

3.2.3 实例：制作热门抖音卡点短视频

扫一扫，看视频

实例路径	Chapter 03　Premiere短视频剪辑→实例：制作热门抖音卡点短视频

抖音卡点短视频非常火爆，这种视频搭配着有节奏的背景音乐和有趣的制作方式使视频看起来非常有节奏感。本实例主要使用【标记】快速标记出音频节奏，接着使用【序列自动化】将每个图片的持续时间按照标记进行排列，最后为画面添加粒子光效。实例效果如图 3-83 所示。

图 3-83

操作步骤

步骤 01 执行【文件】→【新建】→【项目】命令，新建一个项目。执行【文件】→【新建】→【序列】命令。在【新建序列】窗口中单击【设置】按钮，弹出【序列设置】对话框。设置【编辑模式】为自定义，【时基】为25.00 帧/秒，【帧大小】为896，【水平】为640，【像素长宽比】为方形像素(1.0)。接着执行【文件】→【导入】命令，导入全部素材。在【项目】面板中将配乐.mp3素材文件拖动到【时间轴】面板中的A1轨道上，如图 3-84 所示。在【时间轴】面板中设置配乐.mp3素材文件的结束时间为12秒06帧，如图 3-85 所示。

步骤 02 播放音乐素材，边聆听边在音乐卡点部分按M键创建标记，如图 3-86 所示。

图 3-84

Premiere短视频制作教程（案例视频 全彩版）

图 3-85   图 3-86

图 3-90

步骤 03 将时间轴移动到第0帧，在【项目】面板中选择1.jpg ~ 15.jpg图片素材，单击【项目】面板下方的▦（自动匹配序列）按钮，如图3-87所示。在弹出的【序列自动化】对话框中设置【放置】为【在未编号标记】，如图3-88所示。此时素材的持续时间按照【时间轴】面板中的标记自动匹配剪辑。选择V1轨道上的全部素材，右击，执行【缩放为帧大小】命令。

图 3-87   图 3-88

步骤 04 在【时间轴】面板中分别将1.jpg ~ 15.jpg图片素材的结束时间设置为标记的时间位置，如图3-89所示。滑动时间线，此时画面效果如图3-90所示。

步骤 05 在【时间轴】面板中选择V1轨道上的1.jpg，在【效果控件】面板中展开【运动】，设置【缩放】为85.0，【缩放宽度】为100.0，如图3-91所示。在【时间轴】面板中选择V1轨道上的4.jpg，在【效果控件】面板中展开【运动】，设置【缩放】为90.0，【缩放宽度】为100.0，如图3-92所示。

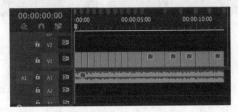

图 3-89

图 3-91   图 3-92

步骤 06 在【时间轴】面板中选择V1轨道上的10.jpg，在【效果控件】面板中展开【运动】，设置【缩放】为130.0，如图3-93所示。滑动时间线，此时画面效果如图3-94所示。

图 3-93   图 3-94

步骤 07 在【项目】面板中的空白位置上右击，在弹出的快捷菜单中执行【新建项目】→【调整图层】命令，在弹出的【调整图层】对话框中单击【确定】按钮，如图3-95所示。在【项目】面板中将调整图层拖动到【时间轴】面板的V2轨道上，如图3-96所示。

图 3-95

图 3-96

步骤 08 在【效果】面板中搜索【变换】效果，将该效果拖动到【时间轴】面板V2轨道的调整图层上，如图3-97所示。

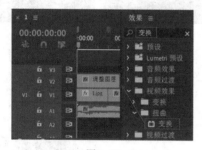

图 3-97

步骤 09 在【时间轴】面板中选择V2轨道上的调整图层，在【效果控件】面板中展开【变换】，将时间线滑动到起始时间位置处，单击【缩放】前方的 ⏱ (切换动画)按钮，设置【缩放】为300.0；将时间线滑动到03帧位置处，设置【缩放】为110.0；将时间线滑动到15帧位置处，设置【缩放】为100.0。取消勾选【使用合成的快门角度】复选框，设置【快门角度】为360.00，如图3-98所示。

图 3-98

步骤 10 在【时间轴】面板中设置V2轨道上调整图层的结束时间为15帧(提示：调整图层的结束时间与1.jpg的结束时间相同，也是第二个标记位置处)，如图3-99所示。滑动时间线查看此时画面效果，如图3-100所示。

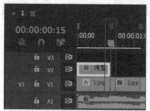

图 3-99   图 3-100

步骤 11 在【时间轴】面板中选中V2轨道上的调整图层，按住Alt键的同时按住鼠标左键向右拖动进行复制，如图3-101所示。

步骤 12 在【时间轴】面板中设置V2轨道上新的调整图层的结束时间为1秒03帧(提示：调整图层的结束时间与2.jpg的结束时间相同，也是第三个标记位置处)，如图3-102所示。

图 3-101   图 3-102

步骤 13 选中第2个调整图层，按住Alt键的同时按住鼠标左键向右拖动进行复制，并设置调整图层的结束时间为1秒16帧(提示：调整图层的结束时间与3.jpg的结束时间相同，也是第四个标记位置处)，如图3-103所示。滑动时间线查看此时画面效果，如图3-104所示。

图 3-103   图 3-104

步骤 14 以同样的方法继续复制调整图层并设置其结束时间为标记处。

本实例制作完成，滑动时间线查看画面效果，如图3-105所示。

图 3-105

3.2.4 实例:【我的假日时光】短视频制作

| 实例路径 | Chapter 03 Premiere短视频剪辑→实例:【我的假日时光】短视频制作 |

本实例主要使用文字工具和形状工具创建文字与图形,并为其编辑合适的属性,然后使用【时间重映射】调整视频的播放速度,最后为素材之间添加合适的过渡效果和音频。实例效果如图 3-106 所示。

扫一扫,看视频

图 3-106

操作步骤

步骤 01 执行【文件】→【新建】→【项目】命令,新建一个项目。执行【文件】→【新建】→【序列】命令。在【新建序列】窗口中单击【设置】按钮,弹出【序列设置】对话框。设置【编辑模式】为HDV1080P,【时基】为29.97帧/秒,【像素长宽比】为方形像素(1.0)。执行【文件】→【导入】命令,导入全部素材。在【项目】面板中将背景.jpg素材文件拖动到【时间轴】面板中的V1轨道上并设置结束时间

为1秒,如图 3-107 所示。

步骤 02 在【时间轴】面板中选择V1轨道上的背景.jpg,在【效果控件】面板中展开【运动】,设置【缩放】为121.0,如图 3-108 所示。

图 3-107

图 3-108

步骤 03 此时画面效果如图 3-109 所示。将时间线滑动到起始时间位置处,在【工具】面板中单击 T (文字工具)按钮,接着在【节目监视器】面板中输入合适的文字,如图 3-110 所示。

图 3-109

图 3-110

步骤 04 单击【工具】面板中的 ▶ (选择工具)按钮,选中V2轨道上的文字,在【效果控件】面板中展开【文本】→【源文本】,设置合适的【字体系列】和【字体样式】,设置【字体大小】为153,如图 3-111 所示。

图 3-111

步骤 05 单击【填充】下方的颜色,在弹出的【拾色器】窗口中设置【填充】为【线性渐变】,并设置【颜色】为黄色系。接着单击【确定】按钮,如图3-112所示。勾选【阴影】,并设置【颜色】为深蓝色,设置【不透明度】为100%,【角度】为-250°,【距离】为15.0,【大小】为0.4,【模糊】为2。展开【变换】,设置【位置】为(376.6,617.4)。如图3-113所示。接着在【节目监视器】面板中合适的位

置处输入合适的文字内容。

| 图 3-112 | 图 3-113 |

步骤 06 在【时间轴】面板中框选所有素材文件并右击，在弹出的快捷菜单中执行【嵌套】命令，如图 3-114 所示。接着在弹出的【嵌套序列名称】对话框中单击【确定】按钮，并设置嵌套序列的结束时间为 1 秒，如图 3-115 所示。

| 图 3-114 | 图 3-115 |

步骤 07 滑动时间线，画面效果如图 3-116 所示。在【项目】面板中将美景.mp4 素材文件拖动到 V1 轨道上的嵌套序列 01 后方，并设置结束时间为 8 秒 01 帧，如图 3-117 所示。

图 3-116

图 3-117

步骤 08 制作转场效果。在【效果】面板中搜索【白场过渡】效果，将该效果拖动到 V1 轨道上的嵌套序列 01 与美景.mp4 素材文件之间，如图 3-118 所示。在【时间轴】面板

中双击 V1 轨道空白处，右击美景.mp4 素材文件的 fx（效果属性），接着在弹出的快捷菜单中执行【时间重映射】→【速度】命令。将时间线滑动到 1 秒 29 帧位置处，按 Ctrl 键并单击中间线，在结束时间位置处再次按 Ctrl 键并单击中间线，并将前面的中间线向上拖动到 350%，如图 3-119 所示。

图 3-118

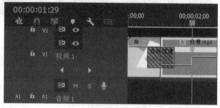

图 3-119

步骤 09 在【项目】面板中将美食.mp4 素材文件拖动到 V1 轨道上的美景.mp4 后方，并设置结束时间为 10 秒 22 帧，如图 3-120 所示。

图 3-120

步骤 10 在【时间轴】面板中双击 V1 轨道空白处，右击美食.mp4 素材文件的 fx（效果属性），接着在弹出的快捷菜单中执行【时间重映射】→【速度】命令。将时间线滑动到 4 秒 20 帧位置处，按 Ctrl 键并单击中间线，在结束时间位置处再次按 Ctrl 键并单击中间线，并将前面的中间线向上拖动到 350%，如图 3-121 所示。滑动时间线，此时画面效果如图 3-122 所示。

图 3-121

图 3-122

步骤 11 在【项目】面板中将滑雪.mp4素材文件拖动到V1
轨道上的美食.mp4后方，并设置结束时间为13秒12帧，
如图3-123所示。在【时间轴】面板中右击滑雪.mp4素材
文件，在弹出的快捷菜单中执行【取消链接】命令，并按
Delete键删除音频部分，如图3-124所示。

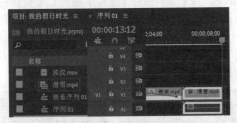

图 3-123

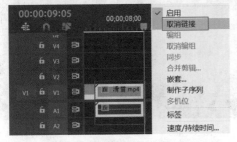

图 3-124

步骤 12 在【时间轴】面板中双击V1轨道空白处，将时间
线滑动到7秒12帧位置处，按Ctrl键并单击中间线，在13
秒10帧位置处再次按Ctrl键并单击中间线，并将前面的中
间线向上拖动到350%，如图3-125所示。

图 3-125

步骤 13 在【项目】面板中将骑行.mp4素材文件拖动到V1
轨道上滑雪.mp4后方，并设置结束时间为16秒05帧，如
图3-126所示。在【时间轴】面板中右击骑行.mp4素材
文件，在弹出的快捷菜单中执行【取消链接】命令，并按
Delete键删除音频部分，如图3-127所示。

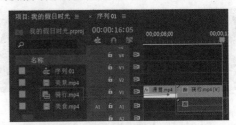

图 3-126

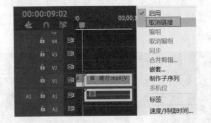

图 3-127

步骤 14 在【时间轴】面板中双击V1轨道空白处，将时间
线滑动到10秒05帧位置处，按Ctrl键并单击中间线，在
16秒02帧位置处再次按Ctrl键并单击中间线，并将前面的
中间线向上拖动到350%，如图3-128所示。滑动时间线，
此时画面效果如图3-129所示。

图 3-128

图 3-129

步骤 15 在【项目】面板中将波纹.mov素材文件拖动到V2轨道上1秒29帧位置处，并设置结束时间为3秒21帧，如图3-130所示。在【时间轴】面板中选择V2轨道上的波纹.mov，在【效果控件】面板中展开【不透明度】，设置【混合模式】为【滤色】，如图3-131所示。

图 3-130　　　　　　　　图 3-131

步骤 16 在【时间轴】面板中选择V2轨道上的波纹.mov素材文件，按Alt键进行多次复制，并分别拖动到4秒20帧位置处、7秒13帧位置处和10秒07帧位置处，如图3-132所示。

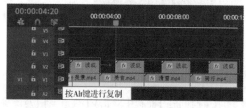

图 3-132

步骤 17 将时间线滑动到2秒09帧位置处，在【工具】面板中单击 T（文字工具）按钮，在【节目监视器】面板中输入合适的文字内容，如图3-133所示。在选中文字的状态下，在【效果控件】面板中展开【文本】→【源文本】，设置合适的【字体系列】和【字体样式】，设置【字体大小】为269；单击 T（仿粗体）按钮，设置【填充】为白色；展开【变换】，设置【位置】为（515.0,618.0），如图3-134所示。

图 3-133　　　　　　　　图 3-134

步骤 18 在【时间轴】面板中设置刚刚添加的文字图层的结束时间为3秒21帧，如图3-135所示。

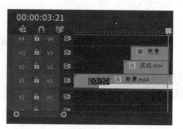

图 3-135

步骤 19 将时间线滑动到4秒29帧位置处，在【工具】面板中单击 T（文字工具）按钮，在【节目监视器】面板中输入合适的文字内容，如图3-136所示。在选中文字的状态下，在【效果控件】面板中展开【文本】→【源文本】，设置合适的【字体系列】和【字体样式】，设置【字体大小】为269；单击 T（仿粗体）按钮，设置【填充】为白色；展开【变换】，设置【位置】为（515.0,618.0），如图3-137所示。

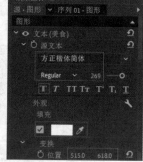

图 3-136　　　　　　　　图 3-137

步骤 20 在【时间轴】面板中设置刚刚添加的文字图层的结束时间为6秒12帧，如图3-138所示。

图 3-138

步骤 21 以同样的方式创建合适的文字，并分别设置起始时间为7秒22帧与10秒16帧，结束时间为9秒05帧与11秒29帧，如图3-139所示。滑动时间线，此时画面效果如图3-140所示。

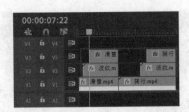

图 3-139

图 3-140

步骤 22 将时间线滑动到1秒位置处，在【工具】面板中单击 (钢笔工具)按钮，在【节目监视器】面板中绘制一个三角形，如图3-141所示。接着在【效果控件】面板中展开【形状(形状01)】→【外观】，设置【填充】为黄色；展开【变换】，设置【位置】为(0.3,0.0),如图3-142所示。

图 3-141

图 3-142

步骤 23 在选中该图形的状态下，再次在【节目监视器】面板中画面的右下角绘制一个三角形，如图3-143所示。

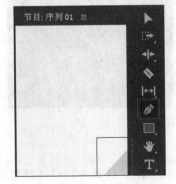

图 3-143

步骤 24 在【时间轴】面板中设置刚刚绘制的图形的结束时间为3秒21帧，如图3-144所示。在【时间轴】面板中单击选择V4轨道上的【图形】，按Alt键进行复制并向右拖动到3秒21帧位置处，如图3-145所示。

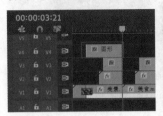

图 3-144

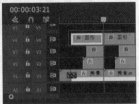

图 3-145

步骤 25 在【效果控件】面板中展开【形状(形状01)】→【外观】，设置【填充】为蓝色；展开【形状(形状02)】→【外观】，设置【填充】为蓝色，如图3-146所示。在【时间轴】面板中设置刚刚复制的图形的结束时间为6秒12帧，如图3-147所示。

图 3-146

图 3-147

步骤 26 滑动时间线，此时画面效果如图3-148所示。使用同样的方法分别复制黄色和蓝色填充的三角形图形，并分别设置结束时间为9秒05帧和11秒29帧，如图3-149所示。

图 3-148

第3章 Premiere短视频剪辑

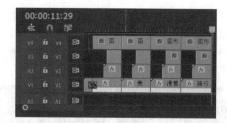

图 3-149

步骤 27 滑动时间线，此时画面效果如图3-150所示。在【项目】面板中将转场音效.mp3拖动到A1轨道上1秒21帧位置处，如图3-151所示。

图 3-150

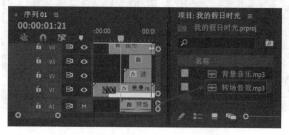

图 3-151

步骤 28 再次在【项目】面板中分别将转场音效.mp3拖动到A1轨道上4秒12帧位置处、7秒05帧位置处、9秒29帧位置处，如图3-152所示。在【项目】面板中将背景音乐.mp3拖动到A2轨道上并设置结束时间为11秒29帧，如图3-153所示。

图 3-152

图 3-153

本实例制作完成，滑动时间线查看画面效果，如图3-154所示。

图 3-154

3.2.5 实例：制作"鬼畜"视频

扫一扫，看视频

实例路径	Chapter 03　Premiere短视频剪辑→实例：制作"鬼畜"视频

本实例使用【时间重映射】将视频进行倒放，使视频产生"鬼畜"效果。实例效果如图3-155所示。

图 3-155

操作步骤

步骤 01 执行【文件】→【新建】→【项目】，新建一个项目。执行【文件】→【导入】命令，导入全部素材文件，如图3-156所示。

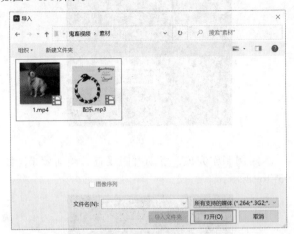

图 3-156

步骤 02 在【项目】面板中将1.mp4素材文件拖动到【时间轴】面板中的V1轨道上，如图3-157所示。滑动时间线，此时画面效果如图3-158所示。

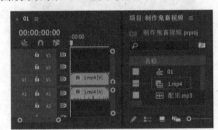

图 3-157

图 3-158

步骤 03 在【时间轴】面板中按住Alt键选择A1轨道上的1.mp4音频文件，按Delete键进行删除，如图3-159所示。在【时间轴】面板中右击1.mp4素材文件的 ▣（效果属性）按钮，在弹出的快捷菜单中执行【时间重映射】→【速度】命令，如图3-160所示。

图 3-159　　　　　　　　　图 3-160

步骤 04 将时间线滑动到1秒03帧位置处，按Ctrl键并单击速率线，如图3-161所示。单击选择刚刚添加的标记，按住Ctrl键向右拖动到2秒06帧位置处，如图3-162所示。

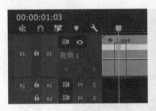

图 3-161　　　　　　　　　图 3-162

步骤 05 单击选择刚刚添加的标记，按住Ctrl键向右拖动到3秒26帧位置处，如图3-163所示。单击选择刚刚添加的标记，按住Ctrl键向右拖动到4秒25帧位置处，如图3-164所示。

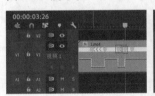

图 3-163　　　　　　　　　图 3-164

步骤 06 单击选择刚刚添加的标记，按住Ctrl键向右拖动到5秒26帧位置处，如图3-165所示。使用同样的方法在【时间轴】面板中制作合适的倒放效果，并设置结束时间为8秒14帧，如图3-166所示。

图 3-165

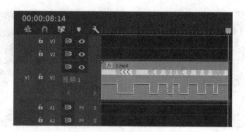

图 3-166

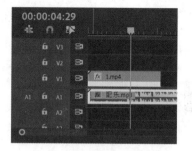

图 3-168

步骤 07 滑动时间线，此时画面效果如图3-167所示。将【项目】面板中的配乐.mp3素材文件拖动到【时间轴】面板中的A1轨道上，将时间线滑动到4秒29帧位置处，按Q键波纹删除素材前半部分，如图3-168所示。

本实例制作完成，滑动时间线查看画面效果，如图3-169所示。

图 3-167

图 3-169

Chapter
4
第4章

超酷的特效

本章内容简介

视频效果是Premiere Pro中非常强大的功能。由于其效果种类众多，可模拟各种质感、风格、调色等，深受视频工作者的喜爱。Premiere Pro中包含100余种视频效果，被广泛应用于视频、电视、电影、广告制作等设计领域。读者朋友在学习时，可以多尝试一下每种视频效果所呈现的效果，以及修改各种参数带来的变化，以加深对每种效果的印象和理解。

重点知识掌握

- 认识短视频特效
- 特效实例应用

优秀作品欣赏

   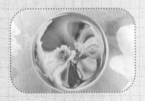

4.1 认识短视频特效

视频特效作为Premiere Pro 中的重要部分之一，其种类繁多、应用范围广泛。在制作作品时，使用视频特效可烘托画面气氛，将作品进一步升华，从而呈现出更加震撼的视觉效果。在学习视频特效时，由于效果数量非常多，参数也比较多，不建议大家背参数，可以分别调节每个效果的参数，自己体验一下该参数产生的变化对作品的影响，从而加深印象。

4.1.1 什么是视频特效

Premiere Pro中的视频特效可以应用于视频素材或其他素材图层，通过添加效果并设置参数即可制作出非常多的绚丽效果。Premiere Pro的【效果】面板中包含很多分类效果组，而每个效果组又包括很多效果，如图4-1所示。

图4-1

4.1.2 与视频特效相关的面板

在Premiere Pro中使用视频特效时，主要用到【效果】面板和【效果控件】面板。如果在当前界面中没有找到这两个面板，可以在菜单栏中选择【窗口】，并勾选下方的【效果】和【效果控件】即可，如图4-2所示。

图4-2

1.【效果】面板

在【效果】面板中可以搜索或手动找到需要的效果。图4-3所示为搜索某个效果的名称，该名称的所有效果都会被显示出来；图4-4所示为手动找到需要的效果。

图4-3　　　　　图4-4

2.【效果控件】面板

【效果控件】面板主要用于修改效果的参数。在找到需要的效果后，可以将【效果】面板中的效果拖动到【时间轴】面板中的素材上，此时该效果添加成功，如图4-5所示。单击添加效果的素材，此时在【效果控件】面板中就可以看到该效果的参数了，如图4-6所示。

图4-5

图 4-6

4.2 特效实例应用

本节以实例的形式讲解如何为素材添加特效、为特效设置合适的参数，以及特效的应用。

4.2.1 实例：使用【裁剪】效果制作宽银幕遮幅影片效果

实例路径	Chapter 04　超酷的特效→实例：使用【裁剪】效果制作宽银幕遮幅影片效果

本实例使用【裁剪】效果制作影片效果，使用【时间重映射】命令调整视频的播放速度，使用【Lumetri 颜色】效果调整画面颜色效果，使用【文字工具】创建文字并制作文字滚动效果。实例效果如图 4-7 所示。

扫一扫，看视频

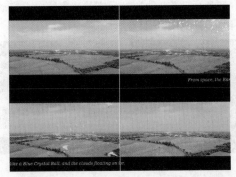

图 4-7

操作步骤

步骤 01 执行【文件】→【新建】→【项目】命令，新建一个项目。在【项目】面板的空白处右击，执行【新建项目】→【序列】命令。在【新建序列】窗口中单击【设置】按钮，弹出【序列设置】对话框。设置【编辑模式】为DV

PAL，【时基】为25.00 帧/秒，【像素长宽比】为D1/DV PVL（1.0940）。执行【文件】→【导入】命令，导入全部素材文件，如图4-8所示。

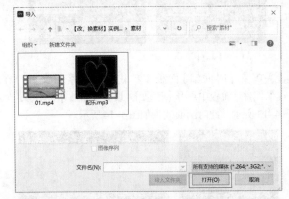

图 4-8

步骤 02 将【项目】面板中的01.mp4素材文件拖动到【时间轴】面板中的V1轨道上，如图4-9所示。在弹出的【剪辑不匹配警告】对话框中单击【保持现有设置】按钮。滑动时间线，此时画面效果如图4-10所示。

图 4-9

图 4-10

步骤 03 在【时间轴】面板中按住Alt键单击A1轨道上的01.mp4音频素材，按Delete键进行删除，如图4-11所示。接着将时间线滑动到6秒21帧位置处，按W键波纹删除素材后半部分，如图4-12所示。

图 4-11   图 4-12

步骤 04 在【时间轴】面板中单击01.mp4素材文件，在【效果控件】面板中展开【运动】，设置【缩放】为41.0，如图4-13所示。此时画面效果如图4-14所示。

图 4-13   图 4-14

步骤 05 在【效果】面板中搜索【裁剪】效果，将该效果拖动到【时间轴】面板中V1轨道上的01.mp4素材文件上，如图4-15所示。 在【时间轴】面板中单击V1轨道上的01.mp4素材文件，在【效果控件】面板中展开【裁剪】，设置【顶部】为7.0%，【底部】为7.0%，如图4-16所示。

图 4-15   图 4-16

步骤 06 此时画面效果如图4-17所示。接着在【时间轴】面板中单击01.mp4素材文件，按Alt键进行复制并将其拖动到V1轨道上6秒21帧位置处，如图4-18所示。

图 4-17   图 4-18

步骤 07 在【时间轴】面板中右击V1轨道上的01.mp4素材

文件，在弹出的快捷菜单中执行【速度/持续时间】命令，如图4-19所示。在弹出的【剪辑速度/持续时间】对话框中勾选【倒放速度】复选框，接着单击【确定】按钮，如图4-20所示。

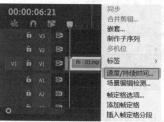

图 4-19   图 4-20

步骤 08 在【时间轴】面板中右击V1轨道上第二个01.mp4素材文件上的 fx（效果属性）按钮，在弹出的快捷菜单中执行【时间重映射】→【速度】命令，如图4-21所示。

图 4-21

步骤 09 在【时间轴】面板中双击V1轨道的空白位置，将时间线滑动到7秒10帧位置处，按Ctrl键并单击速率线，如图4-22所示。将7秒10帧后方的速率线向上拖动到速度为310.00%，如图4-23所示。

图 4-22   图 4-23

步骤 10 在【效果】面板中搜索【Lumetri 颜色】，将该效果拖动到【时间轴】面板中V1轨道上后方的01.mp4素材文件上，如图4-24所示。在【时间轴】面板中单击01.mp4素材文件，在【效果控件】面板中展开【Lumetri 颜色】→【基本校正】→【颜色】，设置【色温】为173.0，【色彩】为-28.0；接着展开【灯光】，设置【曝光】为0.4，【对比度】为9.0，【高光】为12.0，【阴影】为-12.0，【白色】为9.0；

接着展开【创意】→【调整】，设置【淡化胶片】为2.0，【锐化】为23.0，如图4-25所示。

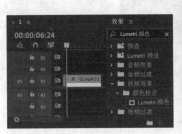

图4-24　　　　　　　　图4-25

步骤 11 将时间线滑动到6秒21帧位置处，按快捷键Ctrl+D应用默认过渡，如图4-26所示。滑动时间线，此时画面效果如图4-27所示。

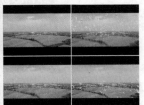

图4-26　　　　　　　　图4-27

步骤 12 在【项目】面板中将配乐.mp3素材文件拖动到【时间轴】面板中的A1轨道上，如图4-28所示。将时间线滑动到15秒02帧位置处，在【时间轴】面板中选择A1轨道上的配乐.mp3素材文件，按W键波纹删除素材后半部分，如图4-29所示。

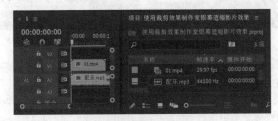

图4-28

图4-29

步骤 13 创建文字。在【工具】面板中单击 T（文字工具）按钮，接着在【节目监视器】面板中的合适位置输入合适的文字。在选中文字的状态下，在【效果控件】面板中展开【文本】→【源文本】，设置合适的【字体系列】和【字体样式】，设置【字体大小】为30，【填充】为白色；展开【变换】，设置【位置】为(8.5,524.9)，如图4-30所示。此时文字效果如图4-31所示（提示：因输入文字过长，文字在图片中显示不全）。

图4-30　　　　　　　　图4-31

步骤 14 在【时间轴】面板中设置V2轨道的文字图层的结束时间为15秒02帧，如图4-32所示。在【时间轴】面板中选择V2轨道上的文字图层，在【效果控件】面板中展开【运动】，将时间线滑动到起始时间位置处，单击【位置】前面的 ⊙（切换动画）按钮，设置【位置】为(1085.0,308.0)；接着将时间线滑动到14秒24帧位置处，设置【位置】为(-219.0,308.0)，如图4-33所示。

图4-32　　　　　　　　图4-33

本实例制作完成，滑动时间线查看画面效果，如图4-34所示。

图4-34

4.2.2 实例：使用【复制】效果制作多屏视频

扫一扫，看视频

实例路径	Chapter 04　超酷的特效→实例：使用【复制】效果制作多屏视频

本实例使用【复制】效果制作多屏视频效果，使用【Lumetri 颜色】效果调整素材文件的颜色制作炫酷视频效果。实例效果如图4-35所示。

图 4-35

操作步骤

步骤 01 执行【文件】→【新建】→【项目】命令，新建一个项目。接着执行【文件】→【导入】命令，导入全部素材，如图4-36所示。在【项目】面板中将01.mp4素材文件拖动到【时间轴】面板中的V1轨道上，此时在【项目】面板中自动生成一个与01.mp4素材文件等大的序列，如图4-37所示。

图 4-36

图 4-37

步骤 02 滑动时间线，此时画面效果如图4-38所示。将时间线滑动到2秒16帧位置处，在【时间轴】面板中单击V1轨道上的01.mp4素材文件，按W键波纹删除素材后半部分，如图4-39所示。

图 4-38　　　　　　　图 4-39

步骤 03 在【时间轴】面板中右击V1轨道上的01.mp4素材文件上的 fx （效果属性）按钮，在弹出的快捷菜单中执行【时间重映射】→【速度】命令，如图4-40所示。

图 4-40

步骤 04 在【时间轴】面板中双击V1轨道的空白位置，将时间线滑动到1秒06帧位置处，按Ctrl键并单击速率线，如图4-41所示。将1秒06帧后方的速率线向上拖动到速度为600.00%，如图4-42所示。

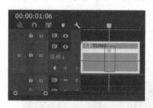

图 4-41　　　　　　　图 4-42

步骤 05 在【项目】面板中将02.mp4素材文件拖动到【时间轴】面板中V1轨道的1秒12帧位置处，如图4-43所示。在【时间轴】面板中右击V1轨道上的02.mp4素材文件，在弹出的快捷菜单中执行【速度/持续时间】命令，如图4-44所示。

图 4-43

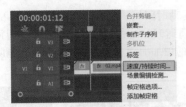

图 4-44

步骤 06 在弹出的【剪辑速度/持续时间】对话框中设置【速度】为200%，接着单击【确定】按钮，如图4-45所示。将时间线滑动到6秒23帧位置处，在【时间轴】面板中单击V1轨道上的02.mp4素材文件，按W键波纹删除素材后半部分，如图4-46所示。

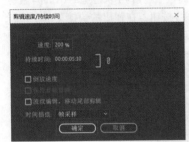

图 4-45   图 4-46

步骤 07 在【效果】面板中搜索【复制】效果，将该效果拖动到【时间轴】面板中V1轨道上的02.mp4素材文件上，如图4-47所示。在【时间轴】面板中选择V1轨道上的02.mp4素材文件，在【效果控件】面板中展开【复制】，将时间线滑动到1秒13帧位置处，单击【计数】前面的 ⏱ (切换动画)按钮，设置【计数】为2；接着将时间线滑动到4秒18帧位置处，设置【计数】为4，如图4-48所示。

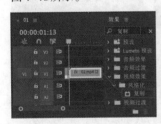

图 4-47   图 4-48

步骤 08 滑动时间线，此时画面效果如图4-49所示。在【效果】面板中搜索【Lumetri 颜色】效果，将该效果拖动到【时间轴】面板中V1轨道上的02.mp4素材文件上，如图4-50所示。

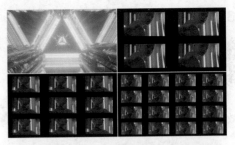

图 4-49

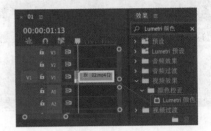

图 4-50

步骤 09 在【时间轴】面板中单击02.mp4素材文件，在【效果控件】面板中展开【Lumetri 颜色】→【基本校正】→【灯光】，设置【曝光】为2.5，【阴影】为20.0，【白色】为-10.0，【黑色】为-1.0，如图4-51所示。此时画面添加效果的前后对比如图4-52所示。

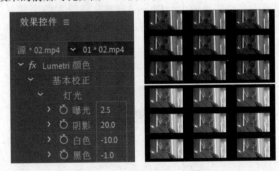

图 4-51   图 4-52

步骤 10 将时间线滑动到1秒13帧位置处，按快捷键Ctrl+D应用默认过渡制作过渡效果，如图4-53所示。

本实例制作完成，滑动时间线查看画面效果，如图4-54所示。

图 4-53   图 4-54

4.2.3 实例：制作变速动画

实例路径	Chapter 04 超酷的特效→实例：制作变速动画

扫一扫，看视频

本实例使用【时间重映射】命令，调整视频素材文件的播放速度制作视频变速效果。实例效果如图4-55所示。

图 4-55

操作步骤

步骤 01 执行【文件】→【新建】→【项目】命令，新建一个项目。接着执行【文件】→【导入】命令，导入全部素材，如图4-56所示。在【项目】面板中将01.mp4素材文件拖动到【时间轴】面板中的V1轨道上，此时在【项目】面板中自动生成一个与01.mp4素材文件等大的序列，如图4-57所示。

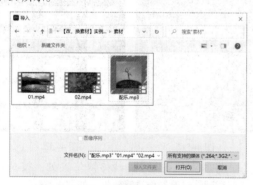

图 4-56

图 4-57

步骤 02 滑动时间线，此时画面效果如图4-58所示。将时间线滑动到9秒11帧位置处，在【时间轴】面板中单击V1轨道上的01.mp4素材文件，按W键波纹删除素材后半部分，如图4-59所示。

图 4-58　　　　　　　　图 4-59

步骤 03 在【时间轴】面板中右击V1轨道上的01.mp4素材文件上的 ■ （效果属性）按钮，在弹出的快捷菜单中执行【时间重映射】→【速度】命令，如图4-60所示。

图 4-60

步骤 04 在【时间轴】面板中双击V1轨道的空白位置，将时间线滑动到7秒28帧位置处，按Ctrl键并单击速率线，如图4-61所示。将8秒28帧后方的速率线拖动到230%，并调整标记，使素材文件结束的速率线呈坡形，如图4-62所示。

图 4-61　　　　　　　　图 4-62

步骤 05 在【项目】面板中将02.mp4素材文件拖动到【时间轴】面板中V1轨道上的01.mp4素材文件后方，如图4-63所示。在【时间轴】面板中按住Alt键单击A1轨道上02.mp4素材文件的音频，按Delete键将其删除，如图4-64所示。

图 4-63　　　　　　　　图 4-64

步骤 06 在【时间轴】面板中右击V1轨道上的02.mp4素材文件上的 ➡（效果属性）按钮，在弹出的快捷菜单中执行【时间重映射】→【速度】命令，如图4-65所示。在【时间轴】面板中双击V1轨道的空白位置，将时间线滑动到8秒25帧位置处，按Ctrl键并单击速率线，如图4-66所示。

图 4-65　　　　　　　　　图 4-66

步骤 07 将10秒20帧前方的速率线拖动到230%，并调整标记，使02.mp4素材文件起始时间的速率线成坡形，如图4-67所示。滑动时间线，此时画面效果如图4-68所示。

图 4-67

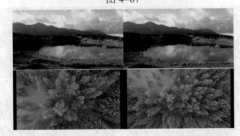

图 4-68

步骤 08 在【时间轴】面板中选择V1轨道上的02.mp4素材文件，在【效果控件】面板中展开【运动】，设置【缩放】为106.0，如图4-69所示。在【效果】面板中搜索【黑场过渡】效果，将该效果拖动到V1轨道起始时间位置处，如图4-70所示。

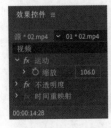 

图 4-69　　　　　　　　　图 4-70

步骤 09 在【项目】面板中右击空白位置处，在弹出的快捷菜单中执行【新建项目】→【调整图层】命令，如图4-71所示。在弹出的【调整图层】对话框中单击【确定】按钮。接着在【项目】面板中将调整图层拖动到V2轨道上，并设置结束时间为17秒20帧，如图4-72所示。

图 4-71　　　　　　　　　图 4-72

步骤 10 在【效果】面板中搜索【Lumetri 颜色】效果，将该效果拖动到【时间轴】面板中V2轨道上的调整图层上，如图4-73所示。在【时间轴】面板中选择V2轨道上的调整图层，在【效果控件】面板中展开【Lumetri 颜色】→【基本校正】→【白平衡】，设置【色温】为53.0,【色彩】为17.0，如图4-74所示。

图 4-73　　　　　　　　　图 4-74

步骤 11 此时画面效果如图4-75所示。在【项目】面板中将配乐.mp3素材文件拖动到【时间轴】面板中的A1轨道上，如图4-76所示。

图 4-75

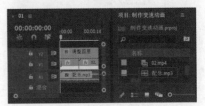

图 4-76

步骤 12 将时间线滑动到17秒20帧位置处，在【时间轴】

面板中选择A1轨道上的配乐.mp3素材文件，按W键波纹删除素材后半部分，如图4-77所示。

　　本实例制作完成，滑动时间线查看画面效果，如图4-78所示。

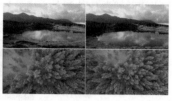

图4-77　　　　　　　　图4-78

4.2.4　实例：制作信号干扰效果

扫一扫，看视频

实例路径	Chapter 04　超酷的特效→实例：制作信号干扰效果

　　本实例首先创建调整图层，接着使用【波形变形】效果制作信号干扰效果。实例效果如图4-79所示。

图4-79

操作步骤

步骤 01 执行【文件】→【新建】→【项目】命令，新建一个项目。接着执行【文件】→【导入】命令，导入全部素材，如图4-80所示。在【项目】面板中将01.mp4素材文件拖动到【时间轴】面板中的V1轨道上，此时在【项目】面板中自动生成一个与01.mp4素材文件等大的序列，如图4-81所示。

图4-80

图4-81

步骤 02 滑动时间线，此时画面效果如图4-82所示。在【效果】面板中搜索【亮度曲线】效果，接着将该效果拖动到【时间轴】面板中V1轨道上的01.mp4素材文件上，如图4-83所示。

图4-82　　　　　　　　图4-83

步骤 03 在【时间轴】面板中选择V1轨道上的01.mp4素材文件，在【效果控件】面板中展开【亮度曲线】，在【亮度波形】的曲线中添加一个锚点并向左上方拖动，再次添加一个锚点并向右下方拖动，如图4-84所示。此时画面前后对比效果如图4-85所示。

图4-84　　　　　　　　图4-85

步骤 04 在【项目】面板中右击空白位置处，在弹出的快捷菜单中执行【新建项目】→【调整图层】命令，如图4-86所示。在弹出的【调整图层】对话框中单击【确定】按钮。接着在【项目】面板中选择调整图层并将其拖动到【时间轴】面板中的V2轨道上，如图4-87所示。

图4-86　　　　　　　　图4-87

Premiere短视频制作教程（案例视频 全彩版）

步骤 05 将时间线滑动到22帧位置处，按快捷键Ctrl+K进行裁剪，如图4-88所示。接着分别将时间线滑动到1秒12帧、2秒14帧、3秒、4秒04帧位置处，选择【时间轴】面板中V2轨道上的调整图层，按快捷键Ctrl+K进行裁剪，如图4-89所示。

图 4-88　　　　　　　　图 4-89

步骤 06 按住Shift键单击【时间轴】面板中22帧、2秒14帧、4秒04帧前方的调整图层，按Delete键进行删除，如图4-90所示。

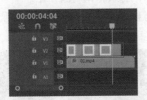

图 4-90

步骤 07 在【效果】面板中搜索【波形变形】效果，接着将该效果拖动到【时间轴】面板中V2轨道22帧后方的调整图层上，如图4-91所示。在【时间轴】面板中选择V2轨道上的调整图层，在【效果控件】面板中展开【波形变形】，设置【波形类型】为【杂色】，【波形高度】为15，【固定】为【所有边缘】，如图4-92所示。

图 4-91　　　　　　　　图 4-92

步骤 08 在【效果】面板中搜索【波形变形】效果，接着将该效果拖动到【时间轴】面板中V2轨道2秒14帧后方的调整图层上，如图4-93所示。在【时间轴】面板中选择V2轨道上的调整图层，在【效果控件】面板中展开【波形变形】，设置【波形类型】为【杂色】，【波形高度】为15，【固定】为【所有边缘】，如图4-94所示。

图 4-93　　　　　　　　图 4-94

步骤 09 滑动时间线，此时画面效果如图4-95所示。在【效果】面板中搜索【波形变形】效果，接着将该效果拖动到【时间轴】面板中V2轨道4秒04帧后方的调整图层上，如图4-96所示。

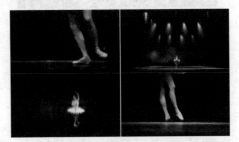

图 4-95

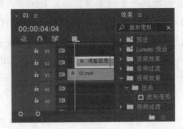

图 4-96

步骤 10 在【时间轴】面板中选择V2轨道上的调整图层，在【效果控件】面板中展开【波形变形】，设置【波形类型】为【杂色】，【波形高度】为15，【固定】为【所有边缘】，如图4-97所示。

本实例制作完成，滑动时间线查看画面效果，如图4-98所示。

 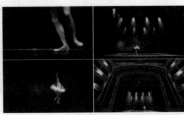

图 4-97　　　　　　　　图 4-98

4.2.5 实例：使用【偏移】效果制作趣味转场视频

实例路径	Chapter 04　超酷的特效→实例：使用【偏移】效果制作趣味转场视频

本实例使用【偏移】效果制作趣味转场视频。实例效果如图4-99所示。

图4-99

操作步骤

步骤 01 执行【文件】→【新建】→【项目】命令，新建一个项目。接着执行【文件】→【导入】命令，导入全部素材，如图4-100所示。在【项目】面板中将01.jpg素材文件拖动到【时间轴】面板中的V1轨道上，此时在【项目】面板中自动生成一个与01.jpg素材文件等大的序列，如图4-101所示。

图4-100

图4-101

步骤 02 滑动时间线，此时画面效果如图4-102所示。在【效果】面板中搜索【偏移】效果，接着将该效果拖动

到【时间轴】面板中V1轨道上的01.jpg素材文件上，如图4-103所示。

图4-102　　　　　图4-103

步骤 03 在【时间轴】面板中选择V1轨道上的01.jpg素材文件，在【效果控件】面板中展开【偏移】，将时间线滑动到起始时间位置处，接着单击【将中心移位至】前面的 (切换动画)按钮，设置【将中心移位至】为(2753.3,1119.1)；将时间线滑动到3秒03帧位置处，设置【将中心移位至】为(6453.0,-1437.7)，如图4-104所示。

本实例制作完成，滑动时间线查看画面效果，如图4-105所示。

图4-104　　　　　图4-105

4.2.6 实例：使用【查找边缘】效果制作漫画效果

实例路径	Chapter 04　超酷的特效→实例：使用【查找边缘】效果制作漫画效果

本实例主要使用【查找边缘】及【轨道遮罩键】制作漫画效果。实例效果如图4-106所示。

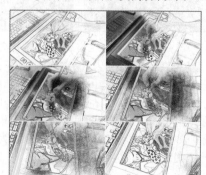

图4-106

操作步骤

步骤 01 执行【文件】→【新建】→【项目】命令，新建一个项目。接着执行【文件】→【导入】命令，导入全部素材，如图4-107所示。在【项目】面板中将1.mp4素材文件拖动到【时间轴】面板中的V1和V2轨道上，如图4-108所示，此时在【项目】面板中自动生成序列。

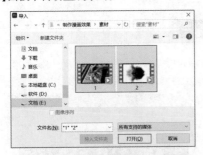

图4-107

图4-108

步骤 02 在【效果】面板中搜索【查找边缘】效果，将该效果拖动到【时间轴】面板上V2轨道中的1.mp4素材文件上，如图4-109所示。此时画面效果如图4-110所示。

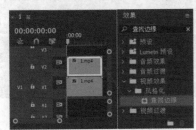

图4-109

图4-110

步骤 03 在【项目】面板中将2.mp4素材文件拖动到【时间轴】面板中的V3轨道上，如图4-111所示。在【时间轴】面板中选择2.mp4素材文件，右击，执行【速度/持续时间】命令，在弹出的对话框中设置【持续时间】为9秒07帧，与1.mp4素材文件的持续时间相同，如图4-112所示。

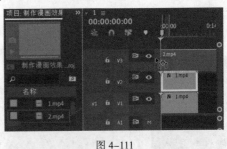

图4-111

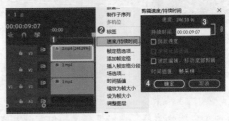

图4-112

步骤 04 在【时间轴】面板中选择V3轨道上的2.mp4素材文件，在【效果控件】面板中展开【运动】，设置【位置】为(188.0, 540.0)，【缩放】为200，如图4-113所示。此时画面效果如图4-114所示。

图4-113

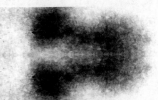

图4-114

步骤 05 在【效果】面板中搜索【轨道遮罩键】效果，将该效果拖动到【时间轴】面板V2轨道中的1.mp4素材文件上，如图4-115所示。

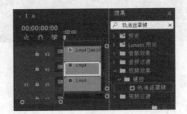

图4-115

步骤 06 在【时间轴】面板中选择V2轨道上的1.mp4素材文件，在【效果控件】面板中展开【轨道遮罩键】，设置【遮罩】为视频3，【合成方式】为亮度遮罩，如图4-116所示。

本实例制作完成，滑动时间线查看制作的漫画效果，如图4-117所示。

 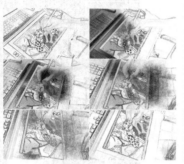

图4-116　　　　　　　图4-117

 技巧提示：自己动手拍摄视频制作卡通动画。

通过本实例的学习，我们了解了如何制作具有漫画质感的视频，不妨自己拿起手机走出去拍摄一段风景视频，并按照本实例的方法操作一下，就能得到属于自己的手绘风格的卡通动画了。

4.2.7　实例：视频加速

扫一扫，看视频

实例路径	Chapter 04　超酷的特效→实例：视频加速

本实例使用【速度/持续时间】命令调整视频播放速度。实例效果如图4-118所示。

图4-118

操作步骤

步骤 01 执行【文件】→【新建】→【项目】命令，新建一个项目。接着执行【文件】→【导入】命令，导入全部素材，如图4-119所示。在【项目】面板中将01.mp4素材文件拖动到【时间轴】面板中的V1轨道上，此时在【项目】面板中自动生成一个与01.mp4素材文件等大的序列，如图4-120所示。

图4-119

图4-120

步骤 02 滑动时间线，此时画面效果如图4-121所示。在【时间轴】面板中右击V1轨道上的01.mp4素材文件，在弹出的快捷菜单中执行【速度/持续时间】命令，如图4-122所示。

图4-121

图4-122

步骤 03 在弹出的【剪辑速度/持续时间】对话框中设置【速度】为790.83%，接着单击【确定】按钮，如图4-123

所示。

本实例制作完成，滑动时间线查看画面效果，如图4-124所示。

图4-123

图4-124

4.2.8 实例：制作人物出场定格动画

| 实例路径 | Chapter 04 超酷的特效→实例：制作人物出场定格动画 |

扫一扫，看视频

本实例使用【RGB 曲线】效果调整画面颜色，使用【帧定格】命令制作定格动画，使用【油漆桶】效果制作人物出场定格动画。实例效果如图4-125所示。

图4-125

操作步骤

步骤 01 执行【文件】→【新建】→【项目】命令，新建一个项目。在【项目】面板的空白处右击，执行【新建项目】→【序列】命令，在弹出的【新建序列】窗口中单击【设置】按钮，弹出【序列设置】对话框。设置【编辑模式】为ARRI Cinema，【时基】为23.976帧/秒，【帧大小】为1920，【水平】为1080，【像素长宽比】为方形像素（1.0）。执行【文件】→【导入】命令，导入全部素材，如图4-126所示。

图4-126

步骤 02 将【项目】面板中的1.mp4素材文件拖动到【时间轴】面板中的V1轨道上，如图4-127所示。滑动时间线，此时画面效果如图4-128所示。

图4-127　　　　　　　图4-128

步骤 03 在【时间轴】面板中单击V1轨道上的1.mp4素材文件，在【效果控件】面板中展开【运动】，设置【缩放】为110.0，如图4-129所示。在【效果】面板搜索【RGB曲线】效果，将该效果拖动到V1轨道中的1.mp4素材文件上，如图4-130所示。

图4-129　　　　　　　图4-130

步骤 04 在【时间轴】面板中单击V1轨道上的1.mp4素材文件，在【效果控件】面板中展开【RGB曲线】，在【主要】中单击曲线添加锚点并向左上角拖动，如图4-131所示。此时画面前后对比效果如图4-132所示。

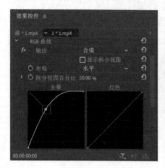
图 4-131

图 4-132

步骤 05 将时间线滑动至8秒21帧位置处，在【时间轴】面板中右击1.mp4素材文件，在弹出的快捷菜单中执行【添加帧定格】命令，如图4-133所示。

图 4-133

步骤 06 在【时间轴】面板中单击V1轨道上8秒21帧处的1.mp4素材文件，按住Alt键向上垂直拖动到V2轨道上，如图4-134所示。滑动时间线，此时画面效果如图4-135所示。

图 4-134

图 4-135

步骤 07 将时间线滑动至15秒位置处，在【时间轴】面板中选择V1轨道上8秒21帧后方的1.mp4素材文件，按快捷键Ctrl+K进行裁剪，如图4-136所示。接着单击15秒后方的1.mp4素材文件，按Delete键进行删除，如图4-137所示。

图 4-136

图 4-137

步骤 08 在【时间轴】面板中单击V2轨道上的1.mp4素材文件，在【效果控件】面板中展开【不透明度】，单击 ✎ (自由绘制贝塞尔曲线)按钮，接着展开【蒙版(1)】，设置【蒙版羽化】为0.0，如图4-138所示。在【节目监视器】面板中围绕人物绘制一个合适的蒙版，如图4-139所示。

图 4-138

图 4-139

步骤 09 在【时间轴】面板中右击V2轨道上的1.mp4素材文件，在弹出的快捷菜单中执行【嵌套】命令，如图4-140所示。在弹出的【嵌套序列名称】对话框中设置【名称】为嵌套序列01，接着单击【确定】按钮，如图4-141所示。

图 4-140

图 4-141

步骤 10 在【时间轴】面板中单击V2轨道上的嵌套序列，在【效果控件】面板中展开【运动】，将时间线滑动到8秒20帧位置处，接着单击【缩放】前面的 ◎ (切换动画)按钮，设置【缩放】为100.0；将时间线滑动到12秒20帧位置处，设置【缩放】为140.0，如图4-142所示。在【效果】面板中搜索【油漆桶】效果，将该效果拖动到【时间轴】面板中V2轨道上的嵌套序列01上，如图4-143所示。

图 4-142 图 4-143

步骤 11 在【时间轴】面板中单击V2轨道上的嵌套序列，在【效果控件】面板中展开【油漆桶】，设置【填充选择器】为【不透明度】，【描边】为【描边】，【描边宽度】为7.0，【颜色】为白色，如图4-144所示。在【效果】面板中搜索【白场过渡】效果，将该效果拖动到【时间轴】面板中V2轨道上嵌套序列的起始时间位置处，如图4-145所示。

图 4-144 图 4-145

本实例制作完成，滑动时间线查看画面效果，如图4-146所示。

图 4-146

4.2.9 实例：制作长腿效果

实例路径	Chapter 04　超酷的特效→实例：制作长腿效果

扫一扫，看视频

本实例使用【变换】效果创建蒙版并设置合适的大小与位置，制作长腿效果。实例效果如图4-147所示。

图 4-147

操作步骤

步骤 01 执行【文件】→【新建】→【项目】命令，新建一个项目。接着执行【文件】→【导入】命令，导入全部素材，如图4-148所示。在【项目】面板中将01.mp4素材文件拖动到【时间轴】面板中的V1轨道上，此时在【项目】面板中自动生成一个与01.mp4素材文件等大的序列，如图4-149所示。

图 4-148

图 4-149

步骤 02 滑动时间线，此时画面效果如图4-150所示。在【时间轴】面板中单击V1轨道上的01.mp4素材文件，在【效果控件】面板中展开【运动】，设置【位置】为(1080.0，1915.0)，如图4-151所示。

图 4-150

图 4-151

步骤 03 在【效果】面板中搜索【变换】效果，将该效果拖动到V1轨道上的01.mp4素材文件上，如图4-152所示。在【时间轴】面板中单击V1轨道上的01.mp4素材文件，

在【效果控件】面板中展开【变换】，单击■（创建4点多边形蒙版）按钮，取消勾选【等比缩放】复选框，设置【缩放高度】为130.0，如图4-153所示。

图 4-152   图 4-153

步骤 04 在【节目监视器】面板中调整蒙版到合适的大小与位置，如图4-154所示。

　　本实例制作完成，滑动时间线查看画面效果，如图4-155所示。

图 4-154   图 4-155

Premiere短视频制作教程（案例视频 全彩版）

60

Chapter
5
第 5 章

视频过渡

本章内容简介

视频过渡(即转场)可针对两个素材之间进行效果处理,也可针对单独素材的首尾部分进行过渡处理。本章将要讲解视频过渡的操作流程、各个过渡效果组的使用方法,以及视频过渡在实战中的综合运用等。

重点知识掌握

- 认识视频过渡
- 视频过渡实例应用

优秀作品欣赏

5.1 认识视频过渡

在影片制作中，添加视频过渡效果具有至关重要的作用，它可将两段素材更好地融合过渡，接下来一起学习Premiere Pro中的视频过渡效果吧。

5.1.1 什么是视频过渡

视频过渡也可称为视频转场或视频切换，主要用于素材与素材之间的画面场景切换。通常在影视制作中，将视频过渡效果添加在两个相邻素材之间，在播放时可产生相对平缓或连贯的视觉效果，可以吸引观者眼球，增强画面氛围感，如图5-1所示。

图5-1

视频过渡效果在操作时需要应用到【效果】面板和【效果控件】面板，如图5-2和图5-3所示。

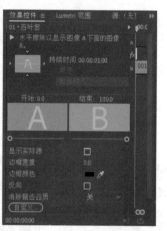

图5-2　　　　　图5-3

5.1.2 编辑过渡效果

为素材添加过渡效果后若想对该效果进行编辑，可在【时间轴】面板中单击选择该效果，接着在【效果控件】面板中会显示出该效果的一系列参数，从中可编辑该过渡效果的【持续时间】【对齐】【显示实际源】【边框宽度】【边框颜色】【反向】【消除锯齿品质】等，如图5-4所示。注意，不同的过渡效果其参数也不同。

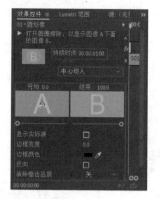

图5-4

5.2 视频过渡实例应用

本节以实例的形式讲解视频过渡效果的添加及应用。

5.2.1 实例：制作热门缩放卡点视频

实例路径	Chapter 05　视频过渡→实例：制作热门缩放卡点视频

扫一扫，看视频

热门卡点视频掀起了新一波热潮，这种随着音频节奏而播放的视频效果，很受年轻人的喜爱。本实例主要使用转场效果制作图片过渡效果，实例效果如图5-5所示。

图5-5

操作步骤

步骤 01 执行【文件】→【新建】→【项目】命令，新建一个项目。在【项目】面板的空白处右击，在弹出的快捷菜单中执行【新建项目】→【序列】命令。在弹出的【新建序列】窗口中单击【设置】按钮，弹出【序列设置】对话框。

设置【编辑模式】为自定义，【时基】为25.00帧/秒，【帧大小】为4941，【水平】为3293，【像素长宽比】为方形像素，【序列名称】为01。执行【文件】→【导入】命令，导入全部素材，如图5-6所示。

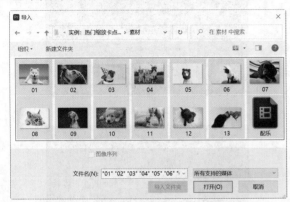

图 5-6

步骤 02 在【项目】面板中选择配乐.mp3素材文件，将其拖动到A1轨道上，如图5-7所示。接着将配乐.mp3素材文件的结束时间设置为8秒20帧，如图5-8所示。

图 5-7

图 5-8

步骤 03 将时间线滑动到起始帧位置，单击▶（播放/停止切换）按钮聆听配乐，当聆听到节奏强烈的位置时按M键快速添加标记，直到音频结束，如图5-9所示。继续将时间线滑动到起始帧位置，在【项目】面板中选择01.jpg ~ 13.jpg素材文件，单击【项目】面板下方的（自动匹配序列）按钮，如图5-10所示。

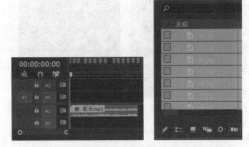

图 5-9   图 5-10

步骤 04 在弹出的【序列自动化】对话框中设置【放置】为【在未编号标记】，接着单击【确定】按钮，如图5-11所示。此时素材的持续时间按照【时间轴】面板中的标记自动进行匹配，如图5-12所示。

图 5-11

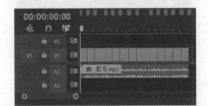

图 5-12

步骤 05 在【时间轴】面板中选择V1轨道上的13.jpg素材文件，在【效果控件】面板中展开【运动】，设置【缩放】为196.0；选择03.jpg素材文件，在【效果控件】面板中设置【缩放】为112.0，如图5-13和图5-14所示。

图 5-13

图 5-14

步骤 06 使用同样的方法设置其他素材文件为合适的大小。滑动时间线，此时画面效果如图 5-15 所示。

图 5-15

步骤 07 在【效果】面板中搜索【白场过渡】效果，将该效果拖动到 13.jpg 素材文件的起始时间位置处，如图 5-16 所示。将时间线滑动到 01.jpg 和 02.jpg 素材文件的中间位置处，按快捷键 Ctrl+D 应用默认过渡，如图 5-17 所示。

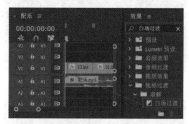
图 5-16

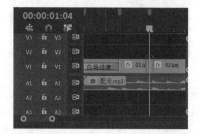
图 5-17

步骤 08 在【效果】面板中搜索【插入】效果，将该效果拖动到 03.jpg 与 04.jpg 素材文件的中间位置处，如图 5-18 所示。在【效果】面板中搜索【交叉缩放】效果，将该

效果拖动到 05.jpg 与 06.jpg 素材文件的中间位置处，如图 5-19 所示。

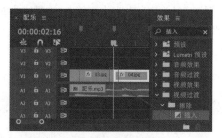
图 5-18

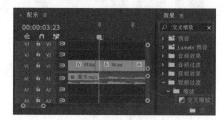
图 5-19

步骤 09 在【效果】面板中搜索【交叉缩放】效果，将该效果拖动到 07.jpg 与 08.jpg 素材文件的中间位置处，如图 5-20 所示。将时间线滑动到 09.jpg 和 10.jpg 素材文件的中间位置处，按快捷键 Ctrl+D 应用默认过渡，如图 5-21 所示。

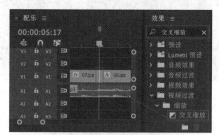
图 5-20

图 5-21

步骤 10 在【效果】面板中搜索【黑场过渡】效果，将该效果拖动到 12.jpg 素材文件的结束时间位置处，如图 5-22 所示。滑动时间线，此时画面效果如图 5-23 所示。

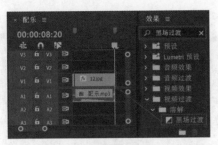

图 5-22

图 5-23

步骤 11 在【项目】面板下方空白处右击执行【新建项目】→【调整图层】命令,在弹出的【调整图层】对话框中单击【确定】按钮,如图5-24和图5-25所示。

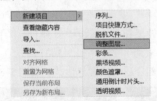

图 5-24

图 5-25

步骤 12 将【项目】面板中的调整图层拖动到V2轨道上,持续时间为8秒20帧,如图5-26所示。在【效果】面板中搜索【Lumetri 颜色】效果,将该效果拖动到【时间轴】面板中V2轨道的调整图层上,如图5-27所示。

图 5-26

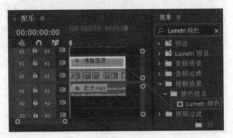

图 5-27

步骤 13 选择V2轨道上的调整图层,在【效果控件】面板中展开【Lumetri 颜色】→【基本校正】→【白平衡】,设置【色温】为15.0,【色彩】为7.0,如图5-28所示。展开【色调】,设置【曝光】为0.8,【对比度】为3.0,【高光】为-5.0,【阴影】为3.0;展开【创意】→【调整】,设置【淡化胶片】为10.0,如图5-29所示。

图 5-28   图 5-29

本实例制作完成,滑动时间线查看画面效果,如图5-30所示。

图 5-30

5.2.2 实例：制作图片拆分滑动效果

实例路径　Chapter 05　视频过渡→实例：制作图片拆分滑动效果

扫一扫，看视频

　　本实例使用多种过渡效果制作视频过渡效果，然后使用【偏移】效果制作画面拆分滑动效果。实例效果如图5-31所示。

图 5-31

操作步骤

步骤 01 执行【文件】→【新建】→【项目】命令，新建一个项目。接着执行【文件】→【导入】命令，导入全部素材，如图5-32所示。在【项目】面板中选择1.mp4素材文件，按住鼠标左键将其拖动到【时间轴】面板中的V1轨道上，此时在【项目】面板中自动生成序列，如图5-33所示。

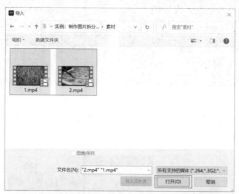

图 5-32

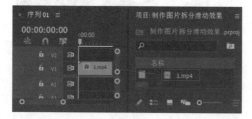

图 5-33

步骤 02 滑动时间线，此时画面效果如图5-34所示。

图 5-34

步骤 03 将时间线滑动到5秒位置处，按W键波纹删除素材后半部分，如图5-35所示。在【效果】面板中搜索【偏移】效果，将该效果拖动到【时间轴】面板中V1轨道上的1.mp4素材文件上，如图5-36所示。

图 5-35　　　　　图 5-36

步骤 04 在【效果控件】面板中展开【偏移】，单击 □ （创建4点多边形蒙版）按钮，如图5-37所示。在【节目监视器】面板中设置合适的位置与形状，如图5-38所示。

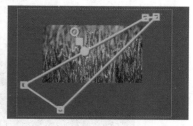

图 5-37　　　　　图 5-38

步骤 05 将时间线滑动到起始时间位置处，单击【将中心移位至】前方的 ⏱ （切换动画）按钮，设置【将中心移位至】为(960.0,540.0)；将时间线滑动到29帧位置处，设置【将中心移位至】为(960.0,1620.0)，如图5-39所示。在【效果控件】面板中单击【偏移】效果，按快捷键Ctrl+C进行复制，接着按快捷键Ctrl+V进行粘贴，如图5-40所示。

Premiere短视频制作教程（案例视频 全彩版）

图 5-39 图 5-40

步骤 06 在【效果控件】面板中展开刚刚复制的【偏移】效果，并单击【蒙版（1）】，如图 5-41 所示。接着在【节目监视器】面板中调整蒙版位置，如图 5-42 所示。

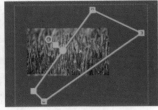

图 5-41 图 5-42

步骤 07 将时间线滑动到 29 帧位置处，设置【将中心移位至】为 (960.0,540.0)；将时间线滑动到 1 秒 29 帧位置处，设置【将中心移位至】为 (960.0,1620.0)，如图 5-43 所示。使用同样的方法绘制蒙版制作画面效果，如图 5-44 所示。

图 5-43

图 5-44

步骤 08 在【项目】面板中选择 2.mp4 素材文件，按住鼠标左键将其拖动到【时间轴】面板中 V1 轨道上的 5 秒位置处，如图 5-45 所示。将时间线滑动到 10 秒位置处，按 W 键波纹删除素材后半部分，如图 5-46 所示。

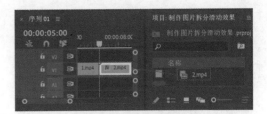

图 5-45

图 5-46

步骤 09 在【效果】面板中搜索【偏移】效果，将该效果拖动到【时间轴】面板中的 2.mp4 素材文件上，如图 5-47 所示。

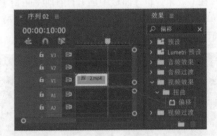

图 5-47

步骤 10 在【效果控件】面板中展开【偏移】，单击▢（创建 4 点多边形蒙版）按钮，如图 5-48 所示。接着在【节目监视器】面板中设置合适的位置与形状，如图 5-49 所示。

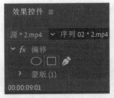
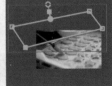

图 5-48 图 5-49

步骤 11 将时间线滑动到 8 秒 29 帧位置处，单击【将中心移位至】前方的⏱（切换动画）按钮，设置【将中心移位至】为 (960.0,540.0)；将时间线滑动到 9 秒 29 帧位置处，设置【将中心移位至】为 (960.0,1620.0)，如图 5-50 所示。在【效果控件】面板中单击【偏移】效果，按快捷键 Ctrl+C 进行复制，接着按快捷键 Ctrl+V 进行粘贴，如图 5-51 所示。

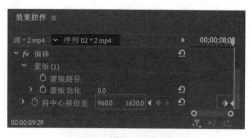

图 5-50

图 5-51

步骤 12 在【效果控件】面板中展开刚刚复制的【偏移】效果，并单击【蒙版(1)】，如图5-52所示。在【节目监视器】面板中调整蒙版位置，如图5-53所示。

 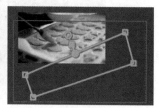

图 5-52   图 5-53

步骤 13 将时间线滑动到7秒29帧位置处，设置【将中心移位至】为(960.0,540.0)；将时间线滑动到9秒01帧位置处，设置【将中心移位至】为(960.0,1620.0)，如图5-54所示。使用同样的方法绘制蒙版制作画面效果。

图 5-54

本实例制作完成，滑动时间线查看画面效果，如图5-55所示。

图 5-55

5.2.3 实例：制作淡入淡出的转场效果

扫一扫，看视频

实例路径	Chapter 05 视频过渡→实例：制作淡入淡出的转场效果

本实例使用【时间重映射】命令制作画面淡入淡出的效果，并设置合适的过渡效果；使用【Brightness & Contrast】效果调整画面效果。实例效果如图5-56所示。

图 5-56

操作步骤

步骤 01 执行【文件】→【新建】→【项目】命令，新建一个项目。接着执行【文件】→【导入】命令，导入全部素材，如图5-57所示。在【项目】面板中选择01.mp4素材文件，按住鼠标左键将其拖动到【时间轴】面板中的V1轨道上，此时在【项目】面板中自动生成序列，如图5-58所示。

步骤 02 滑动时间线，此时画面效果如图5-59所示。

图 5-57

图 5-58　　　　　　　图 5-59

步骤 03 在【时间轴】面板中右击V1轨道上的 fx （效果属性）按钮，在弹出的快捷菜单中执行【时间重映射】→【速度】命令，如图5-60所示。接着将时间线滑动到1秒56帧位置处，按住Ctrl键单击速率线，如图5-61所示。

图 5-60　　　　　　　图 5-61

步骤 04 将1秒56帧后方速率线向下拖动到1.00%，如图5-62所示；将1秒56帧位置处标记的后半部分拖动到2秒位置处，如图5-63所示。

图 5-62　　　　　　　图 5-63

步骤 05 将时间线滑动到2秒位置处，按W键波纹删除素材后半部分，如图5-64所示。在【项目】面板中将02.mp4素材文件拖动到01.mp4素材文件的结束时间位置处，如图5-65所示。

图 5-64　　　　　　　图 5-65

步骤 06 在【时间轴】面板中右击V1轨道上的 fx （效果属性）按钮，在弹出的快捷菜单中执行【时间重映射】→【速度】命令，如图5-66所示。接着将时间线滑动到2秒10帧位置处，按住Ctrl键单击速率线，如图5-67所示。

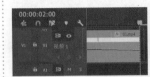

图 5-66　　　　　　　图 5-67

步骤 07 将2秒01帧前方速率线向下拖动到50.00%，如图5-68所示；将2秒13帧位置处标记的前半部分拖动到起始时间位置处，并设置结束时间为4秒，如图5-69所示。

图 5-68　　　　　　　图 5-69

步骤 08 在【效果】面板中搜索【白场过渡】效果，将该效果拖动到【时间轴】面板中的01.mp4素材文件的起始时间位置处，如图5-70所示。将时间线滑动到01.mp4与02.mp4素材文件之间，按快捷键Ctrl+D应用默认过渡效果，如图5-71所示。

图 5-70　　　　　　　　　　　图 5-71

步骤 09 在【效果】面板中搜索【黑场过渡】效果，将该效果拖动到【时间轴】面板中的02.mp4素材文件的结束时间位置处，如图5-72所示。滑动时间线，此时画面效果如图5-73所示。

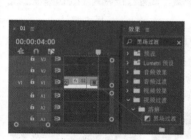

图 5-72　　　　　　　　　　　图 5-73

步骤 10 在【项目】面板下方空白处右击，执行【新建项目】→【调整图层】命令，如图5-74所示。在弹出的【调整图层】窗口中单击【确定】按钮。在【项目】面板中将调整图层拖动到V2轨道上，持续时间为4秒，如图5-75所示。

图 5-74　　　　　　　　　　　图 5-75

步骤 11 在【效果】面板中搜索【Brightness & Contrast】效果，将该效果拖动到【时间轴】面板中V2轨道的调整图层上，如图5-76所示。选择V2轨道上的调整图层，在【效果控件】面板中展开【Brightness & Contrast】，设置【亮度】为-10.0，【对比度】为6.0，如图5-77所示。

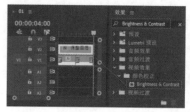

图 5-76　　　　　　　　　　　图 5-77

步骤 12 在【项目】面板中将配乐.mp3素材文件拖动到【时间轴】面板中的A1轨道上，如图5-78所示。设置配乐.mp3素材文件的结束时间为4秒，如图5-79所示。

图 5-78　　　　　　　　　　　图 5-79

本实例制作完成，滑动时间线查看画面效果，如图5-80所示。

图 5-80

5.2.4　实例：应用过渡效果制作转场画面

扫一扫，看视频

实例路径	Chapter 05　视频过渡→实例：应用过渡效果制作转场画面

本实例使用多种过渡效果制作视频过渡效果，接着使用【Lumetri颜色】效果调整画面效果。实例效果如图5-81所示。

Premiere短视频制作教程（案例视频 全彩版）

图 5-81

操作步骤

步骤 01 执行【文件】→【新建】→【项目】命令，新建一个项目。接着执行【文件】→【导入】命令，导入全部素材，如图5-82所示。在【项目】面板中选择01.mp4素材文件，按住鼠标左键将其拖动到【时间轴】面板中的V1轨道上，此时在【项目】面板中自动生成序列，如图5-83所示。

图 5-82

图 5-83

步骤 02 滑动时间线，此时画面效果如图5-84所示。

图 5-84

步骤 03 将时间线滑动到3秒位置处，按W键波纹删除素材后半部分，如图5-85所示。接着在【项目】面板中将02.mp4素材文件拖动到01.mp4素材文件后方，并设置结束时间为6秒，如图5-86所示。

图 5-85　　　　　　　图 5-86

步骤 04 将03.mp4~06.mp4素材文件拖动到【时间轴】面板中的V1轨道上并设置持续时间为3秒，如图5-87所示。滑动时间线，此时画面效果如图5-88所示。

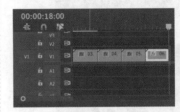

图 5-87　　　　　　　图 5-88

步骤 05 在【时间轴】面板中单击V1轨道上的06.mp4素材文件，在【效果控件】面板中展开【运动】，设置【缩放】为154.0，如图5-89所示。在【效果】面板中搜索【白场过渡】效果，将该效果拖动到【时间轴】面板中V1轨道的起始时间位置处，如图5-90所示。

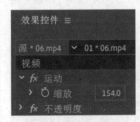

图 5-89　　　　　　　图 5-90

步骤 06 将时间线滑动到3秒位置处，按快捷键Ctrl+D应用默认过渡效果，如图5-91所示。在【效果】面板中搜索【交叉缩放】效果，将该效果拖动到【时间轴】面板中03.mp4素材文件的起始时间位置处，如图5-92所示。

图 5-91　　　　　　　图 5-92

步骤07 在【效果】面板中搜索【棋盘擦除】效果，将该效果拖动到【时间轴】面板中04.mp4素材文件的起始时间位置处，如图5-93所示。在【效果】面板中搜索【交叉缩放】效果，将该效果拖动到【时间轴】面板中05.mp4素材文件的起始时间位置处，如图5-94所示。

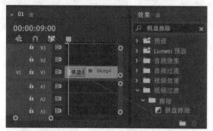

图 5-93

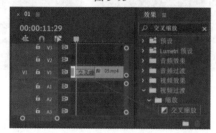

图 5-94

步骤08 将时间线滑动到15秒位置处，按快捷键Ctrl+D应用默认过渡效果，如图5-95所示。在【效果】面板中搜索【黑场过渡】效果，将该效果拖动到【时间轴】面板中06.mp4素材文件的结束时间位置处，如图5-96所示。

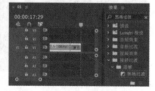

图 5-95　　　　　　　图 5-96

步骤09 滑动时间线，此时画面效果如图5-97所示。在【项目】面板下方空白处右击，执行【新建项目】→【调整图层】命令，如图5-98所示。在弹出的【调整图层】对话框中单击【确定】按钮。

图 5-97　　　　　　　图 5-98

步骤10 在【项目】面板中将调整图层拖动到【时间轴】面板中的V2轨道上并设置结束时间为18秒，如图5-99所示。在【效果】面板中搜索【Lumetri颜色】效果，将该效果拖动到【时间轴】面板中V2轨道的调整图层上，如图5-100所示。

图 5-99

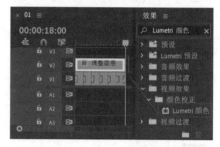

图 5-100

步骤11 选择V2轨道上的调整图层，在【效果控件】面板中展开【Lumetri颜色】→【基本校正】→【颜色】，设置【色温】为11.0，【色彩】为9.0；展开【灯光】，设置【曝光】为0.9，【对比度】为3.0，【高光】为5.0，【阴影】为7.0，【黑色】为9.0，如图5-101所示。展开【创意】→【调整】，设置【锐化】为7.0，【自然饱和度】为9.0；接着将【阴影色彩】的控制点向右下角拖动，【高光色彩】的控制点向左上角拖动，设置【色彩平衡】为5.0，如图5-102所示。

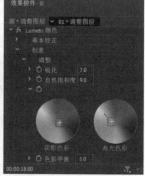

图 5-101　　　　　　　图 5-102

步骤12 展开【曲线】，单击曲线添加锚点并向左上角拖动；再次添加一个锚点，向左上角进行调整，如图5-103

所示。展开【晕影】，设置【数量】为0.6，【圆度】为-7.0，如图5-104所示。

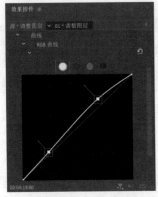

图 5-103　　　　　　　图 5-104

步骤 13 在【项目】面板中将配乐.mp3素材文件拖动到【时间轴】面板中的A1轨道上，如图5-105所示。设置配乐.mp3素材文件的结束时间为18秒，如图5-106所示。

图 5-105　　　　　　　图 5-106

本实例制作完成，滑动时间线查看画面效果，如图5-107所示。

图 5-107

5.2.5　实例：视频急速推进转场

实例路径	Chapter 05　视频过渡→实例：视频急速推进转场

本实例先创建调整图层，然后使用【变换】效果制作出视频急速推进转场效果。实例效果如图5-108所示。

扫一扫，看视频

图 5-108

操作步骤

步骤 01 执行【文件】→【新建】→【项目】命令，新建一个项目。在【项目】面板下方空白处右击，执行【新建项目】→【序列】命令，在弹出的【新建序列】窗口中单击【设置】按钮，弹出【序列设置】对话框。设置【编辑模式】为ARRI Cinema，【时基】为30.00帧/秒，【帧大小】为1920，【水平】为1080，【像素长宽比】为方形像素，【序列名称】为01。执行【文件】→【导入】命令，导入全部素材，如图5-109所示。

图 5-109

步骤 02 在【项目】面板中选择01.mp4素材文件，将其拖动到【时间轴】面板中的V1轨道上，如图5-110所示。在拖动过程中弹出的【剪辑不匹配警告】对话框中单击【保持现有设置】按钮，此时画面效果如图5-111所示。

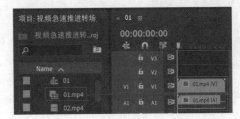

图 5-110

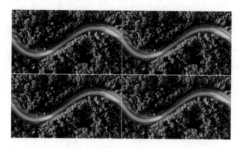

图 5-111

步骤 03 按住Alt键并单击A1轨道上的01.mp4素材文件的音频文件，按Delete键进行删除，如图5-112所示。将时间线滑动到20帧位置处，按W键波纹删除素材后半部分，如图5-113所示。

图 5-112　　　　图 5-113

步骤 04 在【项目】面板中将02.mp4素材文件拖动到【时间轴】面板中V1轨道的20帧后方位置处，如图5-114所示。将时间线滑动到5秒位置处，按W键波纹删除素材后半部分，如图5-115所示。

图 5-114　　　　图 5-115

步骤 05 在【效果控件】面板中展开【运动】，设置【缩放】为80.0，如图5-116所示。在【项目】面板中的空白位置处右击，在弹出的快捷菜单中执行【新建项目】→【调整图层】命令，如图5-117所示。在弹出的【调整图层】对话框中单击【确定】按钮。

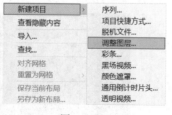

图 5-116　　　　图 5-117

步骤 06 在【项目】面板中将调整图层拖动到【时间轴】面板中的V2轨道上，如图5-118所示。设置结束时间为20帧，如图5-119所示。

图 5-118　　　　图 5-119

步骤 07 在【效果】面板中搜索【变换】效果，将该效果拖动到V2轨道上的调整图层上，如图5-120所示。在【效果控件】面板中展开【变换】，将时间线滑动到13帧位置处，单击【缩放】前方的 ◎（切换动画）按钮，设置【缩放】为100.0；将时间线滑动到20帧位置处，设置【缩放】为500.0。设置【快门角度】为360.0，如图5-121所示。

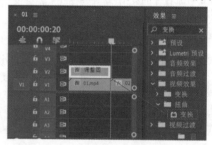

图 5-120

图 5-121

步骤 08 右击【缩放】的关键帧，在弹出的快捷菜单中执行【贝塞尔曲线】命令，如图5-122所示。在【项目】面板中将调整图层拖动到【时间轴】面板中V2轨道上的20帧位置处，并设置结束时间为2秒22帧，如图5-123所示。

图 5-122

图 5-123

步骤 09 在【效果】面板中搜索【变换】效果,将该效果拖动到【时间轴】面板中 V2 轨道上 20 帧后方的调整图层上,如图 5-124 所示。在【效果控件】面板中展开【变换】,将时间线滑动到 20 帧位置处,单击【缩放】前方的 ◎(切换动画)按钮,设置【缩放】为 300.0;将时间线滑动到 1 秒 05 帧位置处,设置【缩放】为 100.0。设置【快门角度】为 360.00,如图 5-125 所示。

图 5-124   图 5-125

步骤 10 右击【缩放】的关键帧,在弹出的快捷菜单中执行【贝塞尔曲线】命令,如图 5-126 所示。滑动时间线,此时画面效果如图 5-127 所示。

图 5-126

图 5-127

步骤 11 在【项目】面板中将音效.wav 拖动到【时间轴】面板中的 A1 轨道上,如图 5-128 所示。设置结束时间为 5 秒,

如图 5-129 所示。

图 5-128   图 5-129

步骤 12 在【项目】面板中将配乐.mp3 拖动到【时间轴】面板中 A2 轨道上的 11 帧位置处,如图 5-130 所示。设置结束时间为 5 秒,如图 5-131 所示。

图 5-130   图 5-131

本实例制作完成,滑动时间线查看画面效果,如图 5-132 所示。

图 5-132

5.2.6 实例:视频转动转场

实例路径   Chapter 05   视频过渡→实例:视频转动转场

本实例首先创建调整图层,然后使用【变换】效果创建关键帧制作视频转动转场效果。实例效果如图 5-133 所示。

扫一扫,看视频

图 5-133

操作步骤

步骤 01 执行【文件】→【新建】→【项目】命令,新建一个项目。在【项目】面板空白处右击,执行【新建项目】→【序列】命令,在弹出的【新建序列】窗口中单击【设置】按钮,弹出【序列设置】对话框。设置【编辑模式】为ARRI Cinema,【时基】为30.00帧/秒,【帧大小】为1920,【水平】为1080,【像素长宽比】为方形像素,【序列名称】为01。执行【文件】→【导入】命令,导入全部素材,如图5-134所示。

图 5-134

步骤 02 在【项目】面板中选择01.mp4素材文件,将其拖动到【时间轴】面板中的V1轨道上,如图5-135所示。拖动过程中在弹出的【剪辑不匹配警告】对话框中单击【保持现有设置】按钮。滑动时间线,此时画面效果如图5-136所示。

图 5-135

图 5-136

步骤 03 将时间线滑动到20帧位置处,按W键波纹删除素材后半部分,如图5-137所示。接着在【项目】面板中将02.mp4素材文件拖动到【时间轴】面板中V1轨道的20帧位置处,如图5-138所示。

图 5-137   图 5-138

步骤 04 在【项目】面板空白处右击,在弹出的快捷菜单中执行【新建项目】→【调整图层】命令,如图5-139所示。在弹出的【调整图层】对话框中单击【确定】按钮。接着在【项目】面板中将调整图层拖动到【时间轴】面板中的V2轨道上,如图5-140所示。

图 5-139   图 5-140

步骤 05 设置【时间轴】面板中V2轨道上的调整图层的结束时间为20帧,如图5-141所示。在【效果】面板中搜索【变换】效果,将该效果拖动到【时间轴】面板中V2轨道的调整图层上,如图5-142所示。

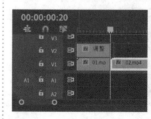   

图 5-141   图 5-142

步骤 06 在【效果控件】面板中展开【变换】,将时间线滑动到起始时间位置处,单击【旋转】前方的 ⊙(切换动画)按钮,设置【旋转】为0.0°;将时间线滑动到20帧位置处,设置【旋转】为-1×0.0°。勾选【等比缩放】复选框,取消勾选【使用合成的快门角度】复选框,设置【快门角度】为360.00。右击【旋转】的关键帧,在弹出的快捷菜单中执行【贝塞尔曲线】命令,如图5-143所示。

图 5-143

步骤 07 再次在【项目】面板中将调整图层拖动到【时间轴】面板中V2轨道的调整图层后方，并设置结束时间为1秒03帧，如图5-144所示。在【效果】面板中搜索【变换】效果，将该效果拖动到【时间轴】面板中V2轨道上的第二个调整图层上，如图5-145所示。

图 5-144

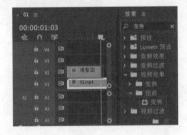

图 5-145

步骤 08 在【效果控件】面板中展开【变换】，将时间线滑动到2帧位置处，单击【旋转】前方的 （切换动画）按钮，设置【旋转】为-26.0°；将时间线滑动到22帧位置处，设置【旋转】为0.0°。勾选【等比缩放】复选框，取消勾选【使用合成的快门角度】复选框，设置【快门角度】为360.00。右击【旋转】的关键帧，在弹出的快捷菜单中执行【贝塞尔曲线】命令，如图5-146所示。

图 5-146

步骤 09 滑动时间线，此时画面效果如图5-147所示。在【项目】面板中将音效.wav素材文件拖动到【时间轴】面板中的A1轨道上，设置结束时间为3秒25帧，如图5-148所示。

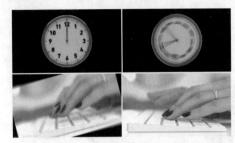

图 5-147

图 5-148

步骤 10 在【项目】面板中将配乐.mp3素材文件拖动到【时间轴】面板中的A2轨道上，设置结束时间为12秒24帧，如图5-149所示。

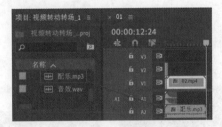

图 5-149

　　本实例制作完成，滑动时间线查看画面效果，如图5-150所示。

图 5-150

Chapter
6

第6章

动画

本章内容简介

动画是一门综合艺术，它融合了绘画、漫画、电影、数字媒体、摄影、音乐、文学等学科门类，可以给观者带来更多的视觉体验。在Premiere Pro中，可以为图层添加关键帧动画，产生基本的缩放、旋转、不透明度等动画效果，还可以为已经添加效果的素材设置关键帧动画。

重点知识掌握

- 认识关键帧
- 动画实例应用

优秀作品欣赏

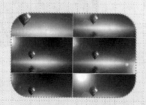

6.1 认识关键帧

关键帧动画通过为素材的不同时刻设置不同的属性,使该过程中产生动画的变换效果。帧是动画中的单幅影像画面,是最小的计量单位。影片是由一张张连续的图片组成的,每幅图片就是1帧,PAL制式每秒25帧,NTSC制式每秒30帧,而关键帧是指动画上的关键时刻,至少有两个关键时刻才能构成动画。可以通过设置动作、效果、音频及其他多种属性参数使画面形成连贯的动画效果。关键帧动画至少要通过两个关键帧来完成,如图6-1和图6-2所示。

图6-1   图6-2

6.2 动画实例应用

本节将以实例的形式讲解关键帧的基本操作及关键帧动画的应用。

6.2.1 实例:制作产品展示广告动画

实例路径	Chapter 06 动画→实例:制作产品展示广告动画

扫一扫,看视频

本实例使用【不透明度】的蒙版制作大小合适的素材并制作划出的动画效果。实例效果如图6-3所示。

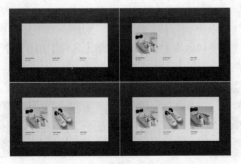

图6-3

操作步骤

步骤 01 执行【文件】→【新建】→【项目】命令,新建一个项目。接着执行【文件】→【导入】命令,导入全部素材。在【项目】面板中将1.jpg素材文件拖动到【时间轴】面板中的V1轨道上,此时在【项目】面板中自动生成一个与1.jpg素材文件等大的序列,如图6-4所示。此时画面效果如图6-5所示。

图6-4

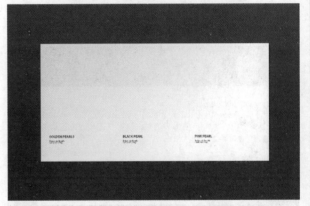

图6-5

步骤 02 在【项目】面板中分别将01.jpg~03.jpg素材文件拖动到【时间轴】面板中的V2~V4轨道上,如图6-6所示。为了便于操作,在【时间轴】面板中单击V3和V4轨道前的 (切换轨道输出)按钮,将轨道进行隐藏,接着选择01.jpg素材文件,如图6-7所示。

图6-6   图6-7

步骤 03 在【效果控件】面板中展开【运动】,设置【位置】为(470.0,630.0),【缩放】为12.0°,如图6-8所示。展开【不透明度】，单击 ▢（创建4点多边形蒙版）按钮，如图6-9所示。

图6-8 图6-9

步骤 04 在【节目监视器】面板中将蒙版设置为合适的位置与大小，如图6-10所示。在【时间轴】面板中单击V3轨道前的 ◉（切换轨道输出）按钮，将轨道进行显现，接着选择02.jpg素材文件，在【效果控件】面板中展开【运动】，设置【位置】为(1049.0,630.0)，【缩放】为12.0，如图6-11所示。

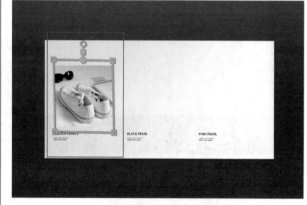

图6-10

图6-11

步骤 05 展开【不透明度】，单击 ▢（创建4点多边形蒙版）按钮，如图6-12所示。在【节目监视器】面板中将蒙版设置为合适的位置与大小，如图6-13所示。

图6-12 图6-13

步骤 06 此时画面效果如图6-14所示。在【时间轴】面板中单击V4轨道前的 ◉（切换轨道输出）按钮，将轨道进行显现，接着选择03.jpg素材文件，在【效果控件】面板中展开【运动】，设置【位置】为(1506.3,630.0)，【缩放】为12.0，如图6-15所示。

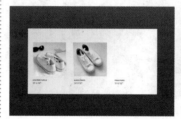

图6-14 图6-15

步骤 07 展开【不透明度】，单击 ▢（创建4点多边形蒙版）按钮，如图6-16所示。在【节目监视器】面板中将蒙版设置为合适的位置与大小，如图6-17所示。

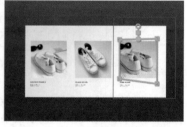

图6-16 图6-17

步骤 08 在【时间轴】面板中右击01.jpg素材文件，在弹出的快捷菜单中执行【嵌套】命令，如图6-18所示。在弹出的【嵌套序列名称】对话框中设置【名称】为嵌套序列01，接着单击【确定】按钮，如图6-19所示。

图6-18 图6-19

步骤 09 使用同样的方法制作02.jpg、03.jpg素材文件的嵌套序列，如图6-20所示。在【时间轴】面板中单击V2轨道上的嵌套序列01，在【效果控件】面板中展开【不透明度】，单击▢（创建4点多边形蒙版）按钮，如图6-21所示。

图 6-20　　　　　　图 6-21

步骤 10 将时间线滑动到起始时间位置处，展开【蒙版（1）】，单击【蒙版路径】前方的⏱（切换动画）按钮，如图6-22所示。在【节目监视器】面板中将蒙版设置为合适的位置与大小，如图6-23所示。

图 6-22

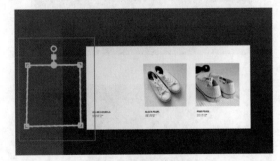

图 6-23

步骤 11 将时间线滑动到1秒位置处，在【节目监视器】面板中将蒙版移动至合适的位置，如图6-24所示。在【时间轴】面板中单击V3轨道上的嵌套序列02，在【效果控件】面板中展开【不透明度】，单击▢（创建4点多边形蒙版）按钮，如图6-25所示。

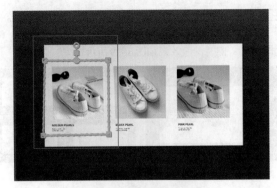

图 6-24

图 6-25

步骤 12 将时间线滑动到1秒10帧位置处，展开【蒙版（1）】，单击【蒙版路径】前方的⏱（切换动画）按钮，如图6-26所示。在【节目监视器】面板中将蒙版设置为合适的位置与大小，如图6-27所示。

图 6-26

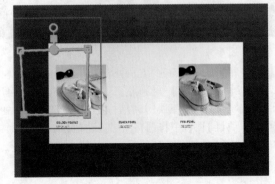

图 6-27

步骤 13 将时间线滑动到2秒10帧位置处，在【节目监视器】面板中将蒙版移动至合适的位置，如图6-28所示。滑动时间线，此时画面效果如图6-29所示。

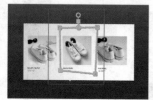

图 6-28　　　　　　图 6-29

步骤 14 在【时间轴】面板中单击V4轨道上的嵌套序列03，在【效果控件】面板中展开【不透明度】，单击 ▢（创建4点多边形蒙版）按钮，如图6-30所示。将时间线滑动到2秒20帧位置处，展开【蒙版（1）】，单击【蒙版路径】前方的 ◌（切换动画）按钮，如图6-31所示。

图 6-30　　　　　　图 6-31

步骤 15 在【节目监视器】面板中将蒙版设置为合适的位置与大小，如图6-32所示。将时间线滑动到4秒05帧位置处，在【节目监视器】面板中将蒙版移动到合适的位置，如图6-33所示。

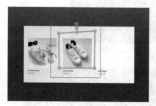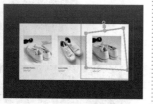

图 6-32　　　　　　图 6-33

步骤 16 在【项目】面板的空白处右击，在弹出的快捷菜单中执行【新建项目】→【调整图层】命令，如图6-34所示。在弹出的【调整图层】对话框中单击【确定】按钮。接着在【项目】面板中将调整图层拖动到【时间轴】面板中的V5轨道上，如图6-35所示。

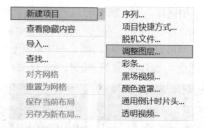

图 6-34

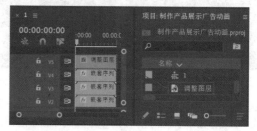

图 6-35

步骤 17 在【效果】面板中搜索【Lumetri 颜色】效果，将该效果拖动到【时间轴】面板中V5轨道的调整图层上，如图6-36所示。在【效果控件】面板中展开【Lumetri颜色】→【基本校正】→【白平衡】，设置【色温】为38.0，如图6-37所示。

图 6-36

图 6-37

本实例制作完成，滑动时间线查看画面效果，如图6-38所示。

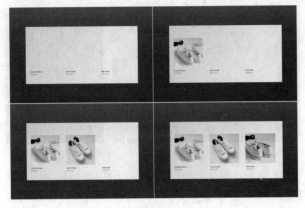

图 6-38

6.2.2 实例：倒计时字幕

实例路径	Chapter 06 动画→实例：倒计时字幕

本实例主要使用【位置】【缩放】及【不透明度】属性制作背景动画效果，使用【旋转】制作环形旋转效果，最后使用文字制作倒计时文字及数字。实例效果如图6-39所示。

扫一扫，看视频

图 6-39

操作步骤

步骤 01 执行【文件】→【新建】→【项目】命令，新建一个项目。接着执行【文件】→【导入】命令，导入全部素材，如图6-40所示。

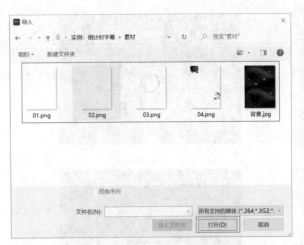

图 6-40

步骤 02 将【项目】面板中的背景.jpg、01.png、02.png、03.png、04.png素材文件分别拖动到V1 ~ V5轨道上，并设置素材的结束时间为7秒，如图6-41所示，此时在【项目】面板中自动生成序列。为了便于操作，在【时间轴】面板中单击V3 ~ V5轨道前的 ◉ （切换轨道输出）按钮，隐藏轨道内容，如图6-42所示。

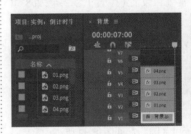

图 6-41

图 6-42

步骤 03 选择V2轨道上的01.png素材文件，在【效果控件】面板中展开【运动】，将时间线滑动到起始时间位置处，单击【位置】前面的 ◉ （切换动画）按钮，创建关键帧，并设置【位置】为(-283.0, 348.0)；将时间线滑动到1秒位置处，设置【位置】为(289.0, 348.0)，如图6-43所示。在【时间轴】面板中单击V3轨道上的 ◉ （切换轨道输出）按钮，选择V3轨道上的02.png素材文件，将时间线滑动到起始时间位置处，单击【位置】前面的 ◉ （切换动画）按钮，创建关键帧，并设置【位置】为(780.0, 340.0)；将时间线滑动到1秒位置处，设置【位置】为(292.0, 340.0)，如图6-44所示。

图 6-43

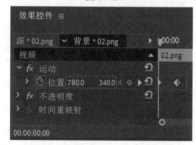

图 6-44

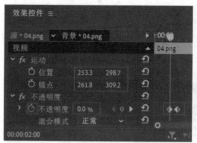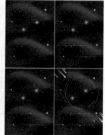

图 6-46　　　　　　图 6-47

步骤 06 制作倒计时数字。将时间线滑动到3秒位置处，在【工具】面板中单击 **T** (文字工具)按钮，在【节目监视器】面板中输入合适的文字内容，如图6-48所示。在【时间轴】面板中单击文字图层，在【效果控件】面板中展开【文本】→【源文本】，设置合适的【字体系列】和【字体样式】，设置【文字大小】为100，【填充】为白色，如图6-49所示。

步骤 04 在【时间轴】面板中单击V4轨道上的 ◉(切换轨道输出)按钮，选择V4轨道上的03.png素材文件，将时间线滑动到起始时间位置处，设置【位置】为(296.2,268.6)，【锚点】为(287.1,295.3)；激活【不透明度】前面的 ◉(切换动画)按钮，创建关键帧，设置【不透明度】为0.0%；将时间线滑动到1秒位置处，设置【不透明度】为100.0%，接着单击【缩放】【旋转】前面的 ◉(切换动画)按钮，创建关键帧，并设置【缩放】为0.0，【旋转】为0.0°；将时间线滑动到2秒位置处，设置【缩放】为112；将时间线滑动到7秒位置处，设置【旋转】为1×0.0°，如图6-45所示。

图 6-48　　　　　　图 6-49

步骤 07 勾选【描边】复选框，单击后方的颜色块，在弹出的【拾色器】窗口中设置【填充类型】为线性渐变，接着编辑一个从黄色到红色的渐变，设置完成后单击【确定】按钮，如图6-50所示。设置【描边宽度】为7.0，【描边类型】为外侧；展开【变换】，设置【位置】为(141.0,596.9)，如图6-51所示。

图 6-45

步骤 05 在【时间轴】面板中单击V5轨道上的 ◉(切换轨道输出)按钮，选择V5轨道上的04.png素材文件，并设置【位置】为(253.3,298.7)；将时间线滑动到2秒位置处，设置【不透明度】为0.0%；将时间线滑动到3秒位置处，设置【不透明度】为100.0%，如图6-46所示。滑动时间线，此时画面效果如图6-47所示。

图 6-50

图 6-51

步骤 08 在【时间轴】面板中设置V6轨道上文字图层的结束时间为7秒，如图6-52所示。将时间线滑动到3秒位置处，单击【不透明度】前面的 ⏱(切换动画)按钮，创建关键帧，并设置【不透明度】为0.0%；将时间线滑动到3秒03帧位置处，设置【不透明度】为100.0%，如图6-53所示。

图 6-52

图 6-53

步骤 09 将时间线滑动到4秒位置处，在【工具】面板中单击 T(文字工具)按钮，在【节目监视器】面板中输入合适的文字内容，如图6-54所示。在【时间轴】面板中单击文字图层，在【效果控件】面板中展开【文本】→【源文本】，设置合适的【字体系列】和【字体样式】，设置【文字大小】为550；单击 T(仿粗体)按钮，设置【填充】为白色，如图6-55所示。

图 6-54

图 6-55

步骤 10 勾选【描边】复选框，单击后方的颜色块，在弹出的【拾色器】窗口中设置【填充类型】为线性渐变，接着编辑一个从黄色到红色的渐变，设置完成后单击【确定】按钮，如图6-56所示。设置【描边宽度】为16.0，【描边类型】为外侧；展开【变换】，设置【位置】为(186.8,381.5)，

如图6-57所示。

图 6-56

图 6-57

步骤 11 在【时间轴】面板中设置V7轨道上文字图层的结束时间为5秒，如图6-58所示。使用同样的方法创作倒计时2和1，并设置合适的位置与持续时间，如图6-59所示。

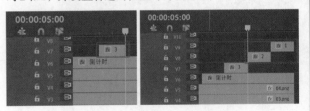

图 6-58　　　　　　　　图 6-59

本实例制作完成，滑动时间线查看画面效果，如图6-60所示。

图 6-60

6.2.3 实例:【印象·云南】旅行节目频道包装

实例路径	Chapter 06 动画→实例:【印象·云南】旅行节目频道包装

本实例主要使用【不透明度】属性制作背景图片,使用【缩放】属性制作文字,最后使用【位置】属性将底部文字进行移动。实例效果如图6-61所示。

图 6-61

操作步骤

步骤 01 执行【文件】→【新建】→【项目】命令,新建一个项目。接着执行【文件】→【导入】命令,导入全部素材,如图6-62所示。选择【项目】面板中的素材,按住鼠标左键依次将其拖动到【时间轴】面板中的轨道上,如图6-63所示。此时在【项目】面板中自动生成序列。

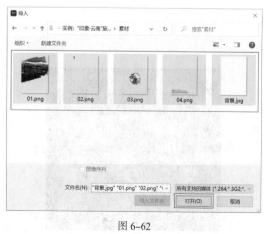

图 6-62

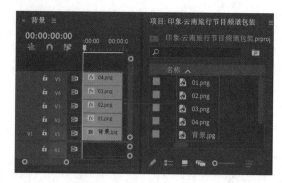

图 6-63

步骤 02 为了便于操作,单击V3 ~ V5轨道前的 ◉(切换轨道输出)按钮,将轨道进行隐藏。选择V2轨道上的01.png素材文件,将时间线滑动到起始帧位置处,在【效果控件】面板中展开【不透明度】,激活【不透明度】前面的 ◉(切换动画)按钮,创建关键帧,设置【不透明度】为0.0%;将时间线滑动到1秒位置处,设置【不透明度】为100.0%,如图6-64所示。

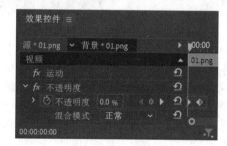

图 6-64

步骤 03 显现并选择V3轨道上的02.png素材文件,在【效果控件】面板中展开【不透明度】,将时间线滑动到1秒位置处,激活【不透明度】前面的 ◉(切换动画)按钮,创建关键帧,设置【不透明度】为0.0%;将时间线滑动到1秒20帧位置处,设置【不透明度】为100.0%,如图6-65所示。

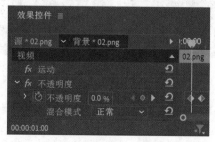

图 6-65

Premiere短视频制作教程(案例视频 全彩版)

步骤 04 显现并选择V4轨道上的03.png素材文件，在【效果控件】面板中展开【运动】，设置【位置】为(391.3,637.3)，【锚点】为(391.3,637.3)；将时间线滑动到1秒20帧位置处，单击【缩放】前面的 🕐 (切换动画)按钮，创建关键帧，并设置【缩放】为0.0；将时间线滑动到2秒20帧位置处，设置【缩放】为100.0，如图6-66所示。

图6-66

步骤 05 显现并选择V5轨道上的04.png素材文件，在【效果控件】面板中展开【运动】，将时间线滑动到2秒20帧位置处，单击【位置】前面的 🕐 (切换动画)按钮，创建关键帧，并设置【位置】为(367.0,655.0)；将时间线滑动到3秒10帧位置处，设置【位置】为(367.0,522.0)，如图6-67所示。

图6-67

本实例制作完成，滑动时间线查看画面效果，如图6-68所示。

图6-68

6.2.4　实例：电子相册

实例路径	Chapter 06　动画→实例：电子相册

扫一扫，看视频

本实例主要使用【高斯模糊】效果制作朦胧感背景，接着为素材添加【基本3D】效果，并开启相应的关键帧。实例效果如图6-69所示。

图6-69

操作步骤

步骤 01 执行【文件】→【新建】→【项目】命令，新建一个项目。接着执行【文件】→【导入】命令，导入全部素材，如图6-70所示。

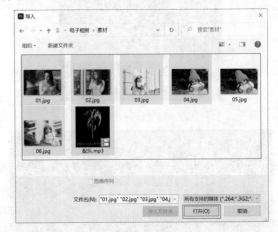

图6-70

步骤 02 在【项目】面板中将01.jpg素材文件拖动到【时间轴】面板中的V1轨道上，此时在【项目】面板中自动生成一个与01.jpg素材文件等大的序列，如图6-71所示。

图 6-71

步骤 03 在【项目】面板中将02.jpg~06.jpg素材文件分别拖动到【时间轴】面板中的V1轨道上，如图6-72所示。

图 6-72

步骤 04 选择V1轨道上的全部素材文件，按住Alt键的同时按住鼠标左键向V2轨道上拖动，释放鼠标后完成复制，如图6-73所示。隐藏V2轨道，选择V1轨道上的01.jpg素材文件，在【效果】面板中搜索【高斯模糊】效果，将该效果拖动到V1轨道的所有素材文件上，如图6-74所示。

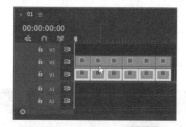

图 6-73

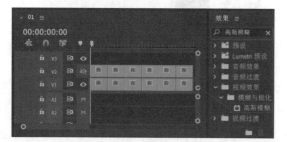

图 6-74

步骤 05 在【时间轴】面板中选择01.jpg素材文件，在【效果控件】面板中展开【高斯模糊】，设置【模糊度】为

100.0，勾选【重复边缘像素】复选框，如图6-75所示。此时画面效果如图6-76所示。

图 6-75

图 6-76

步骤 06 选择当前【效果控件】面板中的高斯模糊，按快捷键Ctrl+C复制该效果，如图6-77所示。在【时间轴】面板中分别选择V1轨道上的02.jpg~06.jpg素材文件，在【效果控件】面板中按快捷键Ctrl+V进行粘贴，如图6-78所示。

图 6-77

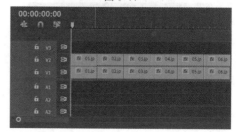

图 6-78

步骤 07 显现V2轨道，将时间线滑动到起始帧位置，在【工具箱】中选择▢(矩形工具)，然后在画面中按住鼠标左键绘制一个与图片等大的矩形，如图6-79所示。选择V3轨道上的图形，在【效果控件】面板中展开【形状】→【外观】，取消勾选【填充】复选框，勾选【描边】复选框，设置【描边颜色】为白色，【描边宽度】为30.0，如图6-80所示。

图 6-79

图 6-80

步骤 08 选择V3轨道上的图形，按住Alt键分别向右侧拖动复制5次，效果如图6-81所示。

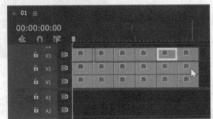

图 6-81

步骤 09 在【时间轴】面板中选择V3轨道中的第1个图形和V2轨道上的01.jpg素材文件，右击，在弹出的快捷菜单中执行【嵌套】命令，如图6-82所示。在弹出的【嵌套序列名称】对话框中设置【名称】为嵌套序列01，单击【确定】按钮完成设置，结果如图6-83所示。

图 6-82

图 6-83

步骤 10 使用同样的方式制作嵌套序列02~嵌套序列06，如图6-84所示。

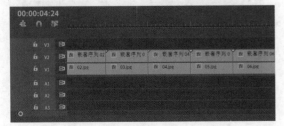

图 6-84

步骤 11 在【效果】面板中搜索【基本3D】效果，将该效果拖动到【时间轴】面板中V2轨道的嵌套序列01上，如图6-85所示。选择V2轨道上的嵌套序列01，在【效果控件】面板中展开【运动】，将时间线滑动到起始帧位置处，单击【位置】前方的 ○（切换动画）按钮，设置【位置】为(-3344.1,1752.6)；将时间线滑动到22帧位置处，设置【位置】为(2457.7,1707.3)，如图6-86所示。

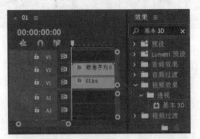

图 6-85

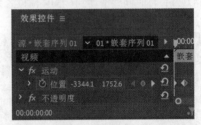

图 6-86

步骤 12 展开【基本3D】，将时间线滑动到20帧位置处，单击【旋转】【倾斜】前方的 ○（切换动画）按钮，设置【旋转】为29.0°，【倾斜】为-29.0°；将时间线滑动到1秒20帧位置处，设置【旋转】为0.0°，【倾斜】为0.0°，如图6-87所示。滑动时间线查看动画效果，如图6-88所示。

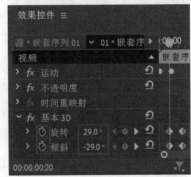

图 6-87

图 6-88

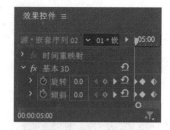

图 6-91

步骤 13 在【效果】面板中搜索【基本3D】效果，将该效果拖动到【时间轴】面板中V2轨道的嵌套序列02上，如图6-89所示。选择V2轨道上的嵌套序列02，在【效果控件】面板中展开【运动】，将时间线滑动到5秒位置处，单击【位置】前方的◎（切换动画）按钮，设置【位置】为(-2606.1,1429.8)；将时间线滑动到6秒04帧位置处，设置【位置】为(2560.0,1706.5)，如图6-90所示。

图 6-92

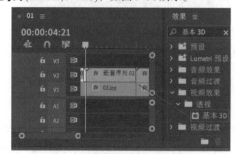

图 6-89

步骤 15 在【项目】面板中的空白处右击，在弹出的快捷菜单中执行【新建项目】→【调整图层】命令，如图6-93所示。在弹出的【调整图层】对话框中单击【确定】按钮。在【项目】面板中将调整图层拖动到【时间轴】面板中的V3轨道上并设置结束时间为30秒，如图6-94所示。

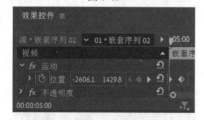

图 6-90

步骤 14 展开【基本3D】，将时间线滑动到5秒位置处，单击【旋转】【倾斜】前方的◎（切换动画）按钮，设置【旋转】为0.0°，【倾斜】为0.0°；将时间线滑动到5秒19帧位置处，设置【旋转】为24.0°，【倾斜】为-20.0°；将时间线滑动到6秒20帧位置处，设置【旋转】为0.0°，【倾斜】为0.0°，如图6-91所示。使用同样的方法为V2轨道上剩余的嵌套序列03~嵌套序列06制作合适的动画。滑动时间线查看动画效果，如图6-92所示。

图 6-93

图 6-94

步骤 16 在【效果】面板中搜索【Lumetri颜色】效果，将该效果拖动到【时间轴】面板中V3轨道的调整图层上，如图6-95所示。在【效果控件】面板中展开【Lumetri颜色】→【基本校正】→【颜色】，设置【色温】为17.0，【色彩】为7.0；展开【灯光】，设置【曝光】为-0.3，【对比度】为5.0，如图6-96所示。

图 6-95　　　　　图 6-96

步骤 17 展开【创意】→【调整】，将【阴影色彩】的控制点向上进行拖动，将【高光色彩】的控制点向左上角进行拖动，如图6-97所示。在【项目】面板中将配乐.mp3素材文件拖动到【时间轴】面板中的A1轨道上，并设置结束时间为30秒，如图6-98所示。

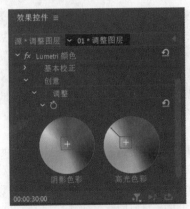

图 6-97

图 6-98

本实例制作完成，滑动时间线查看画面效果，如图6-99所示。

图 6-99

6.2.5　实例：答案藏在哪里

实例路径	Chapter 06　动画→实例：答案藏在哪里

本实例使用【颜色遮罩】效果制作背景，然后使用【椭圆工具】制作椭圆并为其添加渐变效果，最后使用【文字工具】制作文字并为文字添加动画效果。实例效果如图6-100所示。

扫一扫，看视频

图 6-100

操作步骤

步骤 01 执行【文件】→【新建】→【项目】命令，新建一个项目。执行【文件】→【新建】→【序列】命令，在【新建序列】窗口中单击【设置】按钮，设置【编辑模式】为自定义，【时基】为25.00帧/秒，【帧大小】为1024，【水平】为768，【像素长宽比】为方形像素(1.0)。在【项目】面板中右击，执行【新建项目】→【颜色遮罩】命令，如图6-101所示。在弹出的【新建颜色遮罩】对话框中单击【确定】按钮，在弹出的【拾色器】窗口中选择黄色，如图6-102所示。

图 6-101

图 6-102

着在【节目监视器】面板中绘制一个圆形；选中圆形，在【效果控件】面板中展开【形状（形状01）】→【外观】，单击【填充】后方的颜色块，如图6-105所示。在弹出的【拾色器】窗口中设置【填充类型】为线性渐变，编辑一个由紫色到黄色的渐变，设置完成后单击【确定】按钮，如图6-106所示。

图 6-105　　　　　　　图 6-106

步骤 02 在【项目】面板中将颜色遮罩拖动到【时间轴】面板中的V1轨道上，如图6-103所示。此时画面效果如图6-104所示。

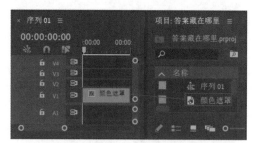

图 6-103

步骤 04 展开【变换】，设置【位置】为(504.0,376.0)，【旋转】为31.0°，【锚点】为(317.0,317.0)，如图6-107所示。此时【节目监视器】面板中的圆形效果如图6-108所示。

图 6-107　　　　　　图 6-108

步骤 05 在【时间轴】面板中选择V2轨道上的圆形，在【效果控件】面板中展开【运动】，将时间线滑动到起始时间位置处，单击【缩放】前方的 ⏱ (切换动画)按钮，设置【缩放】为300.0；将时间线滑动到1秒15帧位置处，设置【缩放】为100.0，如图6-109所示。

图 6-109

图 6-104

步骤 03 在【工具】面板中单击 ⬤ (椭圆工具)按钮，接

步骤 06 在【效果】面板中搜索【投影】效果,将该效果拖动到【时间轴】面板中V2轨道的圆形上,如图6-110所示。在【效果控件】面板中展开【投影】,设置【不透明度】为100%,【距离】为15.0,【柔和度】为100.0,如图6-111所示。

图6-110　　　　　　　　图6-111

步骤 07 在【效果】面板中搜索【双侧平推门】效果,将该效果拖动到【时间轴】面板中V2轨道的圆形的起始时间位置上,如图6-112所示。滑动时间线,此时画面效果如图6-113所示。

图6-112　　　　　　　　图6-113

步骤 08 创建文字。将时间线滑动到起始时间位置处,单击【工具】面板中的T(文字工具)按钮,接着在【节目监视器】面板中输入合适的文字内容,如图6-114所示。在【效果控件】面板中展开【文本】→【源文本】,设置合适的【字体系列】和【字体样式】,设置【字体大小】为60,【填充】为白色;展开【变换】,设置【位置】为(171.3, 395.9),如图6-115所示。

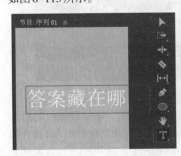

图6-114　　　　　　　　图6-115

步骤 09 创建文字动画。在【时间轴】面板中选择V3轨道上的文字图层,在【效果控件】面板中展开【运动】,将时间线滑动到1秒位置处,单击【位置】前方的🕐(切换动画)按钮,设置【位置】为(667.0, -324.0);将时间线滑动到2秒13帧位置处,设置【位置】为(667.0, 239.0),如图6-116所示。

图6-116

步骤 10 创建问号。将时间线滑动到2秒位置处,单击【工具】面板中的T(文字工具)按钮,接着在【节目监视器】面板中输入合适的文字内容,如图6-117所示。在【效果控件】面板中展开【文本】→【源文本】,设置合适的【字体系列】和【字体样式】,设置【字体大小】为465,单击T(仿粗体)按钮,设置【填充】为白色;展开【变换】,设置【位置】为(277.0,620.1),如图6-118所示。

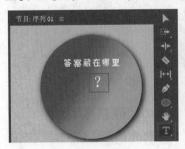

图6-117　　　　　　　　图6-118

步骤 11 在【时间轴】面板中设置V4轨道上文字图层的结束时间为5秒,如图6-119所示。在【时间轴】面板中选择V4轨道上的字幕02,在【效果控件】面板中展开【运动】,将时间线滑动到2秒位置处,单击【旋转】前方的🕐(切换动画)按钮,设置【旋转】为0.0°;将时间线滑动到2秒12帧位置处,设置【旋转】为38.0°;将时间线滑动到3秒位置处,设置【旋转】为-40.0°;将时间线滑动到3秒12帧位置处,设置【旋转】为25.0°;将时间线滑动到4秒位置处,设置【旋转】为0.0°,如图6-120所示。

图 6-119　　　　　　　　图 6-120

步骤 12 框选【旋转】的所有关键帧，右击，执行【贝塞尔曲线】命令，如图6-121所示。

图 6-121

本实例制作完成，滑动时间线查看画面效果，如图6-122所示。

图 6-122

6.2.6　实例：旅行Vlog视频拼图动画

扫一扫，看视频

实例路径	Chapter 06　动画→实例：旅行Vlog视频拼图动画

本实例使用【变换】【镜像】【复制】效果制作出拼图效果，接着使用【文字工具】创建文字并制作文字动画。实例效果如图6-123所示。

图 6-123

操作步骤

步骤 01 执行【文件】→【新建】→【项目】命令，新建一个项目。接着执行【文件】→【导入】命令，导入全部素材，如图6-124所示。在【项目】面板中选择01.mp4素材文件，按住鼠标左键将其拖动到【时间轴】面板中，此时在【项目】面板中自动生成序列，如图6-125所示。

图 6-124

图 6-125

步骤 02 滑动时间线，此时画面效果如图6-126所示。

图 6-126

步骤 03 将时间线滑动到4秒位置处，按W键波纹删除素材后半部分，设置01.mp4素材文件的结束时间为4秒，如图6-127所示。按住Alt键单击A1轨道上的01.mp4素材文件音频，按Delete键进行删除，如图6-128所示。

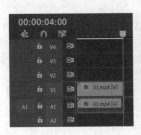

图 6-127　　　　　　　图 6-128

步骤 04 在【效果】面板中搜索【变换】效果，将该效果拖动到【时间轴】面板中V1轨道的01.mp4素材文件上，如图6-129所示。选择V1轨道上的01.mp4素材文件，在【效果控件】面板中展开【变换】，将时间线滑动到起始时间位置处，单击【位置】【缩放】前方的（切换动画）按钮，设置【位置】为(960.0,540.0)，【缩放】为100.0；将时间线滑动到1秒17帧位置处，设置【位置】为(510.0,257.0)，【缩放】为53.5；勾选【等比缩放】复选框，取消勾选【使用合成的快门角度】复选框，设置【快门角度】为360.00，如图6-130所示。

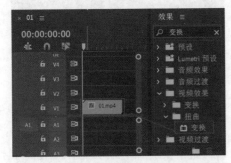

图 6-129

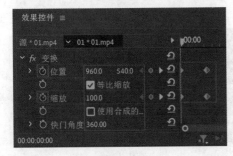

图 6-130

步骤 05 框选【变换】中的所有关键帧，右击，在弹出的快捷菜单中执行【临时插值】→【连续贝塞尔曲线】命令，如图6-131所示。

图 6-131

步骤 06 在【项目】面板中将02.mp4素材文件拖动到【时间轴】面板中的V2轨道上，如图6-132所示。设置结束时间为4秒，按住Alt键单击A2轨道上的02.mp4素材文件音频，按Delete键进行删除，如图6-133所示。

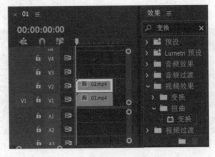

图 6-132　　　　　　　图 6-133

步骤 07 在【效果】面板中搜索【变换】效果，将该效果拖动到【时间轴】面板中V2轨道的02.mp4素材文件上，如图6-134所示。选择V2轨道上的02.mp4素材文件，在【效果控件】面板中展开【变换】，将时间线滑动到起始时间位置处，单击【位置】【缩放】前方的（切换动画）按钮，设置【位置】为(1366.0,720.0)，【缩放】为100.0；将时间线滑动到1秒17帧位置处，设置【位置】为(665.0,890.0)，【缩放】为37.5；勾选【等比缩放】复选框，取消勾选【使用合成的快门角度】复选框，设置【快门角度】为360.00，如图6-135所示。

图 6-134

图 6-135

果控件】面板中展开【变换】，将时间线滑动到起始时间位置处，单击【位置】【缩放】前方的◎（切换动画）按钮，设置【位置】为(1280.0,720.0)，【缩放】为100.0；将时间线滑动到1秒17帧位置处，设置【位置】为(2246.0,676.0)，【缩放】为84.0；勾选【等比缩放】复选框，取消勾选【使用合成的快门角度】复选框，设置【快门角度】为360.00，如图6-141所示。

步骤 08 框选【变换】中的所有关键帧，右击，在弹出的快捷菜单中执行【临时插值】→【连续贝塞尔曲线】命令，如图6-136所示。

图 6-136

步骤 09 滑动时间线，此时画面效果如图6-137所示。

图 6-137

步骤 10 在【项目】面板中将03.mp4素材文件拖动到【时间轴】面板中的V3轨道上，并设置结束时间为4秒，如图6-138所示。按住Alt键单击A3轨道上的03.mp4素材文件音频，按Delete键进行删除，如图6-139所示。

图 6-138　　　　　　图 6-139

步骤 11 在【效果】面板中搜索【变换】效果，将该效果拖动到【时间轴】面板中V3轨道的03.mp4素材文件上，如图6-140所示。选择V3轨道上的03.mp4素材文件，在【效

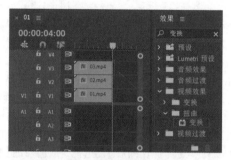

图 6-140

图 6-141

步骤 12 框选【变换】中的所有关键帧，右击，在弹出的快捷菜单中执行【临时插值】→【连续贝塞尔曲线】命令，如图6-142所示。

图 6-142

步骤 13 滑动时间线，此时画面效果如图6-143所示。将时间线滑动到5帧位置处，在【工具】面板中单击 T （文字工具）按钮，在【节目监视器】面板中输入合适的文字内容，如图6-144所示。

Premiere短视频制作教程（案例视频 全彩版）

图 6-143 　　　　　　　　图 6-144

图 6-148

步骤 14 在【效果控件】面板中展开【文本】→【源文本】，设置合适的【字体系列】和【字体样式】，设置【字体大小】为296，【填充】为白色；展开【变换】，设置【位置】为(686.1,582.0)，如图6-145所示。在【时间轴】面板中设置V4轨道上的文字图层的结束时间为17帧，如图6-146所示。

图 6-145 　　　　　　　　图 6-146

步骤 15 在【效果】面板中搜索【变换】效果，将该效果拖动到【时间轴】面板中V4轨道的文字图层上，如图6-147所示。选择V4轨道上的文字图层，在【效果控件】面板中展开【变换】，将时间线滑动到5帧位置处，单击【缩放宽度】前方的 ◎ (切换动画)按钮，设置【缩放宽度】为124.0；将时间线滑动到16帧位置处，设置【缩放宽度】为100.0，如图6-148所示。

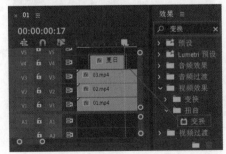

图 6-147

步骤 16 右击【变换】的16帧位置处的关键帧，在弹出的快捷菜单中执行【贝塞尔曲线】命令，如图6-149所示。将时间线滑动到17帧位置处，在【工具】面板中单击 T (文字工具)按钮，在【节目监视器】面板中输入合适的文字内容，如图6-150所示。

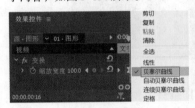 

图 6-149 　　　　　　　　图 6-150

步骤 17 在【效果控件】面板中展开【文本】→【源文本】，设置合适的【字体系列】和【字体样式】，设置【字体大小】为296，【填充】为白色；展开【变换】，设置【位置】为(686.1,582.0)，如图6-151所示。在【时间轴】面板中设置V4轨道上的文字图层的结束时间为1秒05帧，如图6-152所示。

 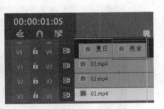

图 6-151 　　　　　　　　图 6-152

步骤 18 在【效果】面板中搜索【变换】效果，将该效果拖动到【时间轴】面板中V4轨道的文字图层上，如图6-153所示。选择V4轨道上的文字图层，在【效果控件】面板中展开【变换】，将时间线滑动至17帧位置处，单击【缩放宽度】前方的 ◎ (切换动画)按钮，设置【缩放宽度】为140.0；将时间线滑动到1秒04帧位置处，设置【缩放宽度】为100.0，如图6-154所示。

图 6-153

图 6-154

步骤 19 右击【变换】的1秒04帧位置处的关键帧，在弹出的快捷菜单中执行【贝塞尔曲线】命令，如图6-155所示。使用同样的方法在合适的时间与位置创建合适的文字与动画效果，如图6-156所示。

图 6-155

图 6-156

步骤 20 在【项目】面板的空白处右击，在弹出的快捷菜单中执行【新建项目】→【调整图层】命令，如图6-157所示。在弹出的【调整图层】对话框中单击【确定】按钮。接着在【项目】面板中将调整图层拖动到【时间轴】面板中的V6轨道上，并设置结束时间为10帧，如图6-158所示。

图 6-157

图 6-158

步骤 21 在【效果】面板中搜索【变换】效果，将该效果拖动到【时间轴】面板中V6轨道的调整图层上，如图6-159所示。选择V6轨道上的调整图层，在【效果控件】面板中展开【变换】，将时间线滑动到起始时间位置处，单击【缩放】前方的 （切换动画）按钮，设置【缩放】为300.0；将时间线滑动到9帧位置处，设置【缩放】为100.0；勾选【等比缩放】复选框，取消勾选【使用合成的快门角度】复选框，设置【快门角度】为299.00，如图6-160所示。

图 6-159

图 6-160

步骤 22 框选【变换】中的所有关键帧，右击，在弹出的快捷菜单中执行【贝塞尔曲线】命令，如图6-161所示。

图 6-161

步骤 23 在【项目】面板中将调整图层拖动到【时间轴】面板中的V5轨道上，并设置结束时间为5帧，如图6-162所示。在【效果】面板中搜索【复制】效果，将该效果拖动到【时间轴】面板中V5轨道的调整图层上，如图6-163所示。

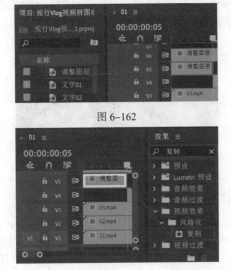
图 6-162

图 6-163

步骤 24 在【时间轴】面板中选择V5轨道上的调整图层，在【效果控件】面板中展开【复制】，设置【计数】为3，如图6-164所示。在【效果】面板中搜索【镜像】效果，将该效果拖动到【时间轴】面板中V5轨道的调整图层上，如图6-165所示。

图 6-164　　　　　图 6-165

步骤 25 在【时间轴】面板中选择V5轨道上的调整图层，在【效果控件】面板中展开【镜像】，设置【反射中心】为(1280.0,540.0)，如图6-166所示。按住Shift键选择V5和V6轨道上的调整图层，按住Alt键向右分别拖动到12帧、1秒、1秒12帧位置处，如图6-167所示。

图 6-166

图 6-167

步骤 26 在【时间轴】面板中V6轨道上的第一个调整图层上右击，在弹出的快捷菜单中执行【重命名】命令，如图6-168所示。在弹出的【重命名剪辑】对话框中设置【剪辑名称】为调整图层01，然后单击【确定】按钮，如图6-169所示。

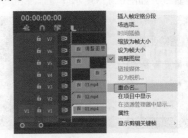
图 6-168

图 6-169

步骤 27 使用同样的方法重命名V5和V6轨道上所有的调整图层，如图6-170所示。滑动时间线，此时画面效果如图6-171所示。

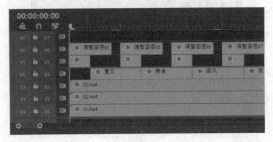
图 6-170

图 6-171

步骤 28 在【时间轴】面板中框选V4 ~ V6轨道上的所有素材文件，右击，在弹出的快捷菜单中执行【嵌套】命令，如图6-172所示。在弹出的【嵌套序列】对话框中单击【确定】按钮。将V4轨道上的嵌套序列01的起始时间拖动到1秒02帧位置处，如图6-173所示。

图 6-172   图 6-173

步骤 29 在【项目】面板中将配乐.mp3素材文件拖动到【时间轴】面板中的A1轨道上，设置结束时间为4秒，如图6-174所示。

图 6-174

本实例制作完成，滑动时间线查看画面效果，如图6-175所示。

图 6-175

6.2.7　实例：美食Vlog片头

实例路径	Chapter 06　动画→实例：美食Vlog片头

扫一扫，看视频

本实例使用【变换】效果制作动态效果，接着使用【文字工具】创建文字制作美食Vlog片头。实例效果如图6-176所示。

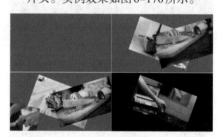

图 6-176

操作步骤

步骤 01 执行【文件】→【新建】→【项目】命令，新建一个项目。执行【文件】→【新建】→【序列】命令，在【新建序列】窗口中单击【设置】按钮，设置【编辑模式】为自定义，【时基】为23.976帧/秒，【帧大小】为1280，【水平】为720，【像素长宽比】为方形像素（1.0）。执行【文件】→【导入】命令，导入全部素材，如图6-177所示。在【项目】面板中右击，执行【新建项目】→【颜色遮罩】命令，如图6-178所示。

图 6-177

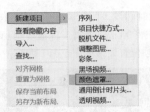

图 6-178

步骤 02 在弹出的【新建颜色遮罩】对话框中单击【确定】按钮。接着在弹出的【拾色器】窗口中选择棕色，如图 6-179 所示。在【项目】面板中将颜色遮罩拖动到【时间轴】面板中的V1轨道上，并设置结束时间为11秒15帧，如图 6-180 所示。

图 6-179

图 6-180

步骤 03 在【项目】面板中选择01.mp4素材文件，将其拖动到【时间轴】面板中的V2轨道上，如图 6-181 所示。接着按住Alt键单击A2轨道上的01.mp4素材文件音频，按Delete键进行删除，如图 6-182 所示。

图 6-181　　　　图 6-182

步骤 04 在【效果】面板中搜索【变换】效果，将该效果拖动到【时间轴】面板中V2轨道的01.mp4素材文件上，如图 6-183 所示。选择V2轨道上的01.mp4素材文件，在【效果控件】面板中展开【变换】，将时间线滑动到8帧位置处，单击【位置】【缩放】【旋转】前方的 ○（切换动画）按钮，设置【位置】为(-1051.3,360.0)，【缩放】为154.0，【旋转】为-50.0°；将时间线滑动到23帧位置处，设置【位置】为(650.0,360.0)，【缩放】为60.0；将时间线滑动到1秒06帧位置处，设置【旋转】为20.0°；取消勾选【使用合成的快门角度】复选框，设置【快门角度】为163.00，如图 6-184 所示。

图 6-183

图 6-184

步骤 05 框选【变换】中的所有关键帧，右击，在弹出的快捷菜单中执行【临时插值】→【贝塞尔曲线】命令，如图 6-185 所示。在【项目】面板中将02.mp4素材文件拖动到【时间轴】面板中的V3轨道上，如图 6-186 所示。

图 6-185

图 6-186

步骤 06 在【效果】面板中搜索【变换】效果，将该效果拖动到【时间轴】面板中V3轨道的02.mp4素材文件上，如图6-187所示。选择V3轨道上的02.mp4素材文件，在【效果控件】面板中展开【变换】，将时间线滑动到起始时间位置处，单击【位置】【缩放】【旋转】前方的▢（切换动画）按钮，设置【位置】为(-1577.0, 540.0)，【缩放】为154.0，【旋转】为50.0°；将时间线滑动到14帧位置处，设置【位置】为(1261.0, 540.0)，【缩放】为40.0；将时间线滑动到21帧位置处，设置【旋转】为-17.0°；取消勾选【使用合成的快门角度】复选框，设置【快门角度】为163.00，如图6-188所示。

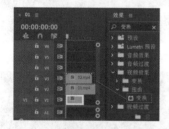

图 6-187

图 6-188

步骤 07 框选【变换】中的所有关键帧，右击，在弹出的快捷菜单中执行【临时插值】→【贝塞尔曲线】命令，如图6-189所示。

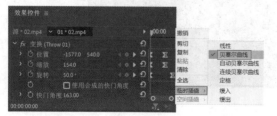

图 6-189

步骤 08 滑动时间线，此时画面效果如图6-190所示。在【项目】面板中将03.mp4素材文件拖动到【时间轴】面板中V4轨道的19帧位置处，如图6-191所示。

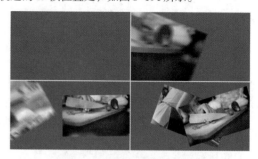

图 6-190

图 6-191

步骤 09 在【效果】面板中搜索【变换】效果，将该效果拖动到【时间轴】面板中V4轨道的03.mp4素材文件上，如图6-192所示。选择V4轨道上的03.mp4素材文件，在【效果控件】面板中展开【变换】，将时间线滑动到1秒40帧位置处，单击【位置】【缩放】【旋转】前方的▢（切换动画）按钮，设置【位置】为(-2102.7,720.0)，【缩放】为154.0，【旋转】为-70.0°；将时间线滑动到1秒19帧位置处，设置【位置】为(472.0,998.7)，【缩放】为40.0；将时间线滑动到2秒02帧位置处，设置【旋转】为10.0°；取消勾选【使用合成的快门角度】复选框，设置【快门角度】为163.00，如图6-193所示。

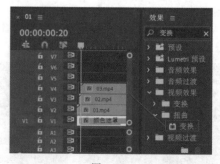

图 6-192

Premiere短视频制作教程（案例视频 全彩版）

图 6-193

步骤 10 框选【变换】中的所有关键帧，右击，在弹出的快捷菜单中执行【临时插值】→【贝塞尔曲线】命令，如图6-194所示。

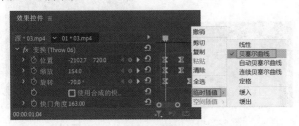

图 6-194

步骤 11 在【项目】面板中将04.mp4素材文件拖动到【时间轴】面板中V5轨道上的1秒06帧位置处，如图6-195所示。按住Alt键单击A5轨道上的04.mp4素材文件音频，按Delete键进行删除，如图6-196所示。

图 6-195　　　　　　图 6-196

步骤 12 在【效果】面板中搜索【变换】效果，将该效果拖动到【时间轴】面板中V5轨道的04.mp4素材文件上，如图6-197所示。选择V5轨道上的04.mp4素材文件，在【效果控件】面板中展开【变换】，将时间线滑动到1秒06帧位置处，单击【位置】【缩放】【旋转】前方的 （切换动画）按钮，设置【位置】为(-3154.0,1080.0)，【缩放】为154.0，【旋转】为50.0°；将时间线滑动到1秒21帧位置处，设置【位置】为(1224.0,132.0)，【缩放】为20.0；将时间线滑动到2秒03帧位置处，设置【旋转】为-36.0°；取消勾选【使用合成的快门角度】复选框，设置【快门角度】为163.00，如图6-198所示。

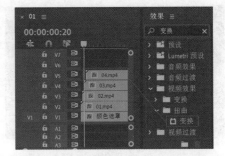

图 6-197

图 6-198

步骤 13 框选【变换】中的所有关键帧，右击，在弹出的快捷菜单中执行【临时插值】→【贝塞尔曲线】命令，如图6-199所示。

图 6-199

步骤 14 在【项目】面板中将05.mp4素材文件拖动到【时间轴】面板中V6轨道上的1秒12帧位置处，如图6-200所示。在【效果】面板中搜索【变换】效果，将该效果拖动到【时间轴】面板中V6轨道的05.mp4素材文件上，如图6-201所示。

图 6-200

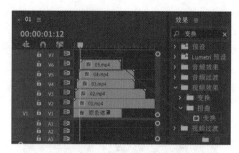

图 6-201

步骤 15 在【时间轴】面板中选择V6轨道上的05.mp4素材文件，在【效果控件】面板中展开【变换】，将时间线滑动到1秒16帧时间位置处，单击【位置】【缩放】【旋转】前方的 ⭕（切换动画）按钮，设置【位置】为(-3154.0, 1080.0)，【缩放】为154.0，【旋转】为50.0°；将时间线滑动到2秒07帧位置处，设置【位置】为(503.0,197.0)，【缩放】为25.0；将时间线滑动到2秒13帧位置处，设置【旋转】为-17.0°；取消勾选【使用合成的快门角度】复选框，设置【快门角度】为163.00，如图6-202所示。框选【变换】中的所有关键帧，右击，在弹出的快捷菜单中执行【临时插值】→【贝塞尔曲线】命令，如图6-203所示。

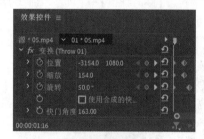

图 6-202

图 6-203

步骤 16 创建文字。将时间线滑动到7秒05帧位置处，在【工具箱】中单击 T（文字工具）按钮，接着在【节目监视器】面板中合适的位置单击并输入合适的文字，如图6-204所示。在【时间轴】面板中选择V7轨道上的文字图层，在【效果控件】面板中展开【文本】→【源文本】，设置合适的【字体系列】和【字体样式】，设置【字体大小】为100，【对齐方式】为 ▤（左对齐），【填充】为白色，如图6-205所示。

图 6-204   图 6-205

本实例制作完成，滑动时间线查看画面效果，如图6-206所示。

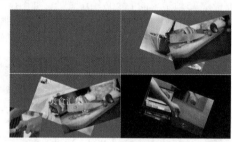

图 6-206

Chapter 7

第7章

调色

本章内容简介

　　调色是Premiere Pro中非常重要的功能，能够在很大程度上决定作品的好坏。通常情况下，不同的颜色往往带有不同的情感倾向，在设计作品时也是一样，只有与作品主题相匹配的色彩才能正确地传达作品的主旨和内涵，因此，正确地使用调色效果对设计作品而言是一道重要关卡。本章主要讲解在Premiere Pro中对作品进行调色的流程，以及各类调色效果的应用。

重点知识掌握

- 认识调色效果
- 调色实例应用

优秀作品欣赏

7.1 认识调色效果

Premiere Pro中的【图像控制】类视频效果可以平衡画面中强弱、浓淡、轻重的色彩关系，使画面更加符合观者的视觉感受，其中包括【Color Pass】【Color Replace】【Gamma Correction】【黑白】4种效果，面板如图7-1所示。

图7-1

【过时】类视频效果包含【Color Balance(RGB)】【RGB曲线】【RGB 颜色校正器】【三向颜色校正器】【亮度曲线】【亮度校正器】【保留颜色】【均衡】【快速模糊】【快速颜色校正器】【更改为颜色】【更改颜色】【自动对比度】【自动色阶】【自动颜色】【视频限幅器(旧版)】【通道混合器】【阴影/高光】【颜色平衡(HLS)】19种视频效果。展开【效果】面板中的【视频效果】→【过时】，如图7-2所示。

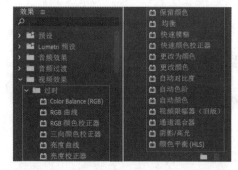

图7-2

【颜色校正】类视频效果可对素材的颜色进行细致校正，其中包括【ASC CDL】【Brightness & Contrast】【Lumetri 颜色】【色彩】【视频限制器】【颜色平衡】6种效果，如图7-3所示。

图7-3

7.2 调色实例应用

本节以实例的形式讲解调色效果的使用方法，以及使用调色效果为图像进行调色的操作步骤。

7.2.1 实例："醉"美夜色调色

扫一扫，看视频

实例路径	Chapter 07　调色→实例："醉"美夜色调色

本实例主要使用【Lumetri 颜色】效果调整画面的亮度、色调等。实例对比效果如图7-4所示。

图7-4

操作步骤

步骤 01 执行【文件】→【新建】→【项目】命令，新建一个项目。接着执行【文件】→【导入】命令，导入全部素材，如图7-5所示。在【项目】面板中选择01.mp4素材文件，按住鼠标左键将其拖动到【时间轴】面板中的V1轨道上，此时在【项目】面板中会自动生成序列，如图7-6所示。

图 7-5

图 7-6

步骤 03 在【时间轴】面板中单击V1轨道上的01.mp4素材文件，接着在【效果控件】面板中展开【Lumetri 颜色】→【基本校正】→【颜色】，设置【色温】为-80.0，【色彩】为260.0，如图7-9所示。展开【灯光】，设置【曝光】为1.0，【对比度】为50.0，【阴影】为30.0，【黑色】为10.0；展开【创意】→【调整】，设置【自然饱和度】为52.4，【饱和度】为74.6，接着将【阴影色彩】的控制点向右上角拖动，将【高光色彩】的控制点向左侧拖动，如图7-10所示。

图 7-9

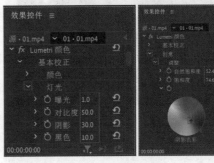

图 7-10

步骤 04 此时画面与之前画面的对比效果如图7-11所示。

图 7-11

步骤 05 展开【曲线】→【RGB 曲线】，单击RGB按钮，单击曲线添加一个锚点，并向左上角进行拖动；再次单击曲线添加一个锚点，并向右下角进行拖动，如图7-12所示。展开【晕影】，设置【数量】为-1.0，【羽化】为92.4，如图7-13所示。

步骤 02 滑动时间线，此时画面效果如图7-7所示。在【效果】面板中搜索【Lumetri颜色】效果，将该效果拖动到【时间轴】面板中V1轨道的01.mp4素材文件上，如图7-8所示。

图 7-7

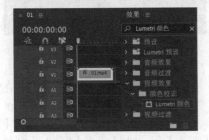

图 7-8

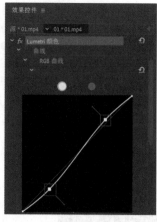

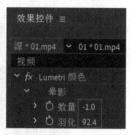

图 7-12　　　　　　　　图 7-13

本实例制作完成，此时画面对比效果如图7-14所示。

图 7-14

7.2.2　实例：深蓝色调调色

扫一扫，看视频

实例路径	Chapter 07　调色→实例：深蓝色调调色

本实例主要使用【Lumetri 颜色】效果调整画面的亮度、色调等，使用【颜色平衡】效果调整画面整体色调，制作出电影感氛围。实例前后对比效果如图7-15所示。

图 7-15

操作步骤

步骤 01 执行【文件】→【新建】→【项目】命令，新建一个项目。接着执行【文件】→【导入】命令，导入全部素材，如图7-16所示。选择【项目】面板中的01.mp4素材文件，按住鼠标左键将其拖动到【时间轴】面板中的V1轨道上，此时在【项目】面板中自动生成序列，如图7-17所示。

步骤 02 在【效果】面板中搜索【Lumetri 颜色】效果，将该效果拖动到【时间轴】面板中V1轨道的01.mp4素材文件上，如图7-18所示。

图 7-16

图 7-17

图 7-18

步骤 03 在【时间轴】面板中单击V1轨道上的01.mp4素材文件，在【效果控件】面板中展开【Lumetri颜色】→【基本校正】→【颜色】，设置【色温】为-20.0，【色彩】为-30.0，如图7-19所示。展开【灯光】，设置【对比度】为20.0，【高光】为-20.0，【阴影】为4.9，【白色】为2.7，

【黑色】为17.8，如图7-20所示。

图7-19　　　　　　　　图7-20

步骤 04 此时画面效果与之前画面效果对比如图7-21所示。

图7-21

步骤 05 展开【创意】→【调整】，设置【自然饱和度】为52.4，【饱和度】为74.6；将【阴影色彩】的控制点向右下角进行拖动，将【高光色彩】的控制点向左侧进行拖动，如图7-22所示。展开【曲线】→【RGB曲线】，单击RGB按钮，单击曲线添加一个锚点，并向左上角进行拖动；再次单击曲线添加一个锚点，并向右下角进行拖动，如图7-23所示。

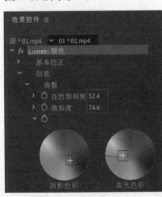 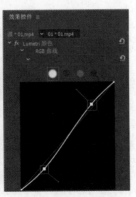

图7-22　　　　　　　　图7-23

步骤 06 展开【晕影】，设置【数量】为-5.0，【羽化】为92.4，如图7-24所示。滑动时间线，此时画面效果如图7-25所示。

图7-24　　　　　　　　图7-25

步骤 07 在【效果】面板中搜索【颜色平衡】效果，将该效果拖动到【时间轴】面板中V1轨道的01.mp4素材文件上，如图7-26所示。单击V1轨道上的01.mp4素材文件，在【效果控件】面板中展开【颜色平衡】，设置【阴影红色平衡】为-19.0，【阴影绿色平衡】为-23.0，【阴影蓝色平衡】为60.0，【中间调绿色平衡】为-10.0，【中间调蓝色平衡】为10.0，如图7-27所示。

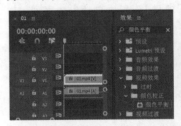 

图7-26　　　　　　　　图7-27

本实例制作完成，此时画面对比效果如图7-28所示。

图7-28

7.2.3　实例：浓郁复古感调色

实例路径	Chapter 07　调色→实例：浓郁复古感调色

本实例主要使用【Lumetri 颜色】效果调整画面的亮度、色调等。实例前后对比效果

扫一扫，看视频

如图7-29所示。

图7-29

操作步骤

步骤 01 执行【文件】→【新建】→【项目】命令，新建一个项目。接着执行【文件】→【导入】命令，导入01.mp4素材文件，如图7-30所示。选择【项目】面板中的01.mp4素材文件，按住鼠标左键将其拖动到【时间轴】面板中的V1轨道上，此时在【项目】面板中自动生成序列，如图7-31所示。

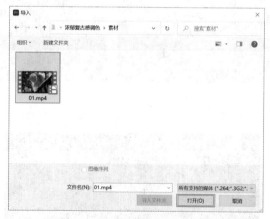

图7-30

图7-31

步骤 02 在【效果】面板中搜索【Lumetri 颜色】效果，将该效果拖动到【时间轴】面板中V1轨道的01.mp4素材文件上，如图7-32所示。

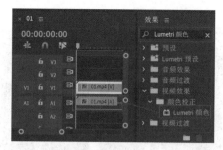

图7-32

步骤 03 在【时间轴】面板中单击V1轨道上的01.mp4素材文件，在【效果控件】面板中展开【Lumetri 颜色】→【基本校正】→【颜色】，设置【色彩】为-30.0，如图7-33所示。展开【灯光】，设置【曝光】为1.5，【对比度】为30.0，【高光】为-100.0，【阴影】为10.0，【白色】为-30.0，【黑色】为-30.0。接着设置【饱和度】为80.0，如图7-34所示。

图7-33   图7-34

步骤 04 此时画面效果与之前画面效果对比如图7-35所示。

图7-35

步骤 05 展开【创意】→【调整】，设置【淡化胶片】为100.0，【锐化】为43.7，【自然饱和度】为-37.6，【饱和度】为107.2；将【阴影色彩】的控制点向右下角进行拖动，将【高光色彩】的控制点向左上角进行拖动，设置【色彩平衡】为4.2，如图7-36所示。展开【曲线】→【RGB 曲线】，单击RGB按钮，单击曲线添加一个锚点，并向左上角进行拖动；再次单击曲线添加一个锚点，并向右下角进行拖动，如图7-37所示。

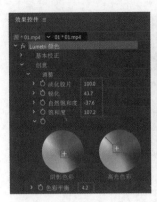

图 7-36

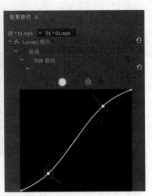

图 7-37

步骤 06 展开【色轮和匹配】,将【中间调】的控制点向上进行拖动,将【阴影】的控制点向下进行拖动,将【高光】的控制点向左上角进行拖动,如图7-38所示。展开【HSL辅助】→【优化】,设置【降噪】为50.6,如图7-39所示。

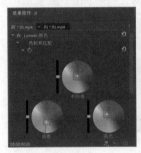

图 7-38

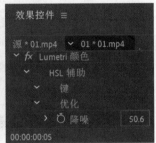

图 7-39

步骤 07 展开【晕影】,设置【数量】为-0.7,【中点】为39.9,【羽化】为82.5,如图7-40所示。

本实例制作完成,画面对比效果如图7-41所示。

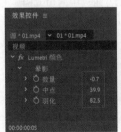

图 7-40

图 7-41

7.2.4 实例:唯美日系风格调色

实例路径	Chapter 07 调色→实例:唯美日系风格调色

本实例主要使用【Lumetri 颜色】效果调

扫一扫,看视频

整画面的亮度、色调等,制作出日系色调的朦胧感。实例前后对比效果如图7-42所示。

图 7-42

操作步骤

步骤 01 执行【文件】→【新建】→【项目】命令,新建一个项目。接着执行【文件】→【导入】命令,导入01.mp4素材文件,如图7-43所示。选择【项目】面板中的01.mp4素材文件,按住鼠标左键将其拖动到【时间轴】面板中的V1轨道上,此时在【项目】面板中自动生成序列,如图7-44所示。

图 7-43

图 7-44

步骤 02 在【效果】面板中搜索【Lumetri 颜色】效果,将该效果拖动到【时间轴】面板中V1轨道的01.mp4素材文件上,如图7-45所示。

图 7-45

步骤 03 在【时间轴】面板中单击V1轨道上的01.mp4素材文件，在【效果控件】面板中展开【Lumetri 颜色】→【基本校正】→【颜色】，设置【饱和度】为130.0；展开【灯光】，设置【曝光】为0.5，【对比度】为-50.0，【高光】为20.0，【阴影】为100.0，【黑色】为40.0；设置【饱和度】为130.0，如图7-46所示。展开【创意】→【调整】，设置【自然饱和度】为20.0，【饱和度】为90.0，如图7-47所示。

图 7-46

图 7-47

步骤 04 此时画面效果与之前画面效果对比如图7-48所示。

图 7-48

步骤 05 展开【色轮和匹配】，将【阴影】的控制点向右上角进行拖动，如图7-49所示。展开【晕影】，设置【数量】为-1.2，【羽化】为71.4，如图7-50所示。

图 7-49

图 7-50

本实例制作完成，画面对比效果如图7-51所示。

图 7-51

7.2.5 实例：浪漫夕阳调色

扫一扫，看视频

实例路径	Chapter 07　调色→实例：浪漫夕阳调色

　　本实例主要使用【Lumetri 颜色】效果调整画面的色相、对比度等，制作出海天一色的效果。实例前后对比效果如图7-52所示。

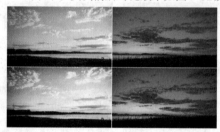

图 7-52

操作步骤

步骤 01 执行【文件】→【新建】→【项目】命令，新建一个项目。接着执行【文件】→【导入】命令，导入01.mp4素材文件，如图7-53所示。选择【项目】面板中的01.mp4素材文件，按住鼠标左键将其拖动到【时间轴】面板中的V1轨道上，此时在【项目】面板中自动生成序列，如图7-54所示。

图 7-53

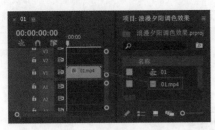

图 7-54

步骤 02 在【效果】面板中搜索【Lumetri 颜色】效果，将该效果拖动到【时间轴】面板中V1轨道的01.mp4素材文件上，如图7-55所示。

图 7-55

步骤 03 在【时间轴】面板中单击V1轨道上的01.mp4素材文件，在【效果控件】面板中展开【Lumetri 颜色】→【基本校正】→【颜色】，设置【色温】为-10.0，【色彩】为10.0，如图7-56所示。展开【灯光】，设置【曝光】为1.0，【对比度】为100.0，【高光】为-60.0，【阴影】为3.4，【白色】为-30.0，【黑色】为6.5，如图7-57所示。

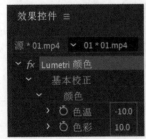

图 7-56   图 7-57

步骤 04 此时画面效果与之前画面效果对比如图7-58所示。

图 7-58

步骤 05 展开【创意】→【调整】，设置【淡化胶片】为46.8，【自然饱和度】为45.2，【饱和度】为85.9，将【阴影色彩】的控制点向右上方进行拖动，将【高光色彩】的控制点向左上角进行拖动，如图7-59所示。展开【曲线】→【RGB 曲线】，单击RGB按钮，单击曲线添加一个锚点，并向左上角进行拖动；再次单击曲线添加一个锚点，并向右下角进行拖动，如图7-60所示。

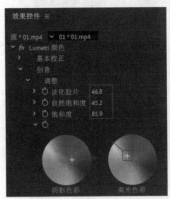

图 7-59   图 7-60

步骤 06 展开【色轮和匹配】，将【中间调】的控制点向左下角进行拖动，将【阴影】的控制点向右侧进行拖动，将【高光】的控制点向左上角进行拖动，如图7-61所示。展开【HSL 辅助】→【键】，将H、S、L的滑块滑动到合适的位置，如图7-62所示。

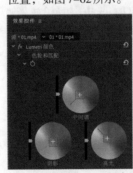

图 7-61   图 7-62

步骤 07 滑动时间线，此时画面效果如图7-63所示。

图 7-63

步骤 08 展开【优化】，设置【降噪】为5.0，如图7-64所示。展开【晕影】，设置【数量】为-0.7，【羽化】为97.3，如图7-65所示。

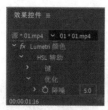
图 7-64

图 7-65

本实例制作完成，画面对比效果如图7-66所示。

图 7-66

7.2.6 实例：电影感色调

扫一扫，看视频

| 实例路径 | Chapter 07　调色→实例：电影感色调 |

本实例主要使用【Lumetri 颜色】效果调整画面的色相、对比度等，制作出电影感色调。实例前后对比效果如图7-67所示。

图 7-67

操作步骤

步骤 01 执行【文件】→【新建】→【项目】命令，新建一个项目。接着执行【文件】→【导入】命令，导入01.mp4素材文件，如图7-68所示。选择【项目】面板中的01.mp4素材文件，按住鼠标左键将其拖动到【时间轴】面板中

的V1轨道上，此时在【项目】面板中自动生成序列，如图7-69所示。

图 7-68

图 7-69

步骤 02 在【效果】面板中搜索【Lumetri 颜色】效果，将该效果拖动到【时间轴】面板中V1轨道的01.mp4素材文件上，如图7-70所示。

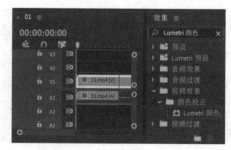
图 7-70

步骤 03 在【时间轴】面板中单击V1轨道上的01.mp4素材文件，在【效果控件】面板中展开【Lumetri 颜色】→【基本校正】→【灯光】，设置【对比度】为50.0，【高光】为-20.0，【阴影】为40.0，【黑色】为40.0，如图7-71所示。展开【创意】→【调整】，设置【自然饱和度】为25.0，【饱和度】为85.0，如图7-72所示。

图 7-71　　　　　　　　　　图 7-72

图 7-74　　　　　　　　　　图 7-75

步骤 04 此时画面效果与之前画面效果对比如图7-73所示。

图 7-73

步骤 05 展开【色轮和匹配】，将【阴影】的控制点向右上角进行拖动，如图7-74所示。展开【晕影】，设置【数量】为-1.2，【羽化】为71.4，如图7-75所示。

本实例制作完成，画面对比效果如图7-76所示。

图 7-76

字幕

本章内容简介

文字是设计作品中最常见的元素之一，它不仅可以快速传递作品信息，同时也起到美化版面的作用，传达的信息更加直观深刻。Premiere Pro具有强大的文字创建与编辑功能，不仅有多种文字工具供操作者使用，还可使用多种参数设置面板修改文字效果。本章将讲解多种类型文字的创建及文字属性的编辑方法，通过为文字设置动画制作丰富的作品效果。

重点知识掌握

- 认识字幕
- 字幕实例应用

优秀作品欣赏

8.1 认识字幕

Premiere Pro中常用的创建文字的工具包括文字图层和【工具】面板中的文字工具。

8.1.1 文字图层

执行【图形和标题】→【新建图层】→【文本】命令，创建文字图层，如图8-1所示。

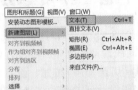

图8-1

在【工具】面板中单击 T（文字工具）按钮，在【节目监视器】面板中修改并输入合适的文字，如图8-2所示。

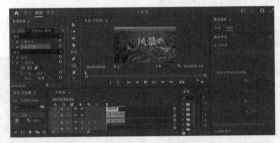

图8-2

8.1.2 文字工具

单击 T（文字工具）按钮即可输入文字，然后可以在【基本图形】面板中进行参数的修改，如图8-3所示。

图8-3

8.2 字幕实例应用

字幕是短视频中非常重要的部分，除了起到快速传递作品内容信息的作用外，还可以美化作品视觉效果。

8.2.1 实例：制作镂空文字动画

实例路径	Chapter 08　字幕→实例：制作镂空文字动画

本实例主要使用【轨道遮罩键】制作文字遮罩效果。实例效果如图8-4所示。

扫一扫，看视频

图8-4

操作步骤

步骤 01 执行【文件】→【新建】→【项目】命令，新建一个项目。接着执行【文件】→【导入】命令，导入全部素材。在【项目】面板中将01.mp4素材文件拖动到【时间轴】面板中的V1轨道上，此时在【项目】面板中自动生成一个与01.mp4素材文件等大的序列，如图8-5所示。

步骤 02 滑动时间线，此时画面效果如图8-6所示。

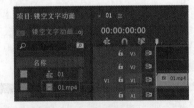

图8-5

图8-6

步骤 03 在【时间轴】面板中单击V1轨道上的01.mp4素材文件，按住Alt键并垂直向上拖动到V2轨道上，如图8-7所示。接着单击V2轨道上的 （切换轨道输出）按钮，关闭V2轨道素材文件的显示，如图8-8所示。

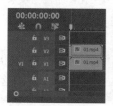 

图 8-7　　　　　　图 8-8

步骤 04 在【效果】面板中搜索【裁剪】效果，将该效果拖动到【时间轴】面板中V1轨道的01.mp4素材文件上，如图8-9所示。在【时间轴】面板中单击V1轨道上的01.mp4素材文件，接着在【效果控件】面板中展开【裁剪】，将时间线滑动到起始时间位置处，分别单击【顶部】【底部】前方的 （切换动画）按钮，设置【顶部】为0.0%，【底部】为0.0%；将时间线滑动到1秒位置处，设置【顶部】为40.0%，【底部】为10.0%，如图8-10所示。

图 8-9　　　　　　图 8-10

步骤 05 滑动时间线，此时画面效果如图8-11所示。将时间线滑动到起始时间位置处，在【工具】面板中单击 **T**（文字工具）按钮，接着在【节目监视器】面板中合适的位置单击并输入合适的文字，如图8-12所示。

图 8-11

图 8-12

步骤 06 在【时间轴】面板中选择V3轨道上的文字图层，在【效果控件】面板中展开【文本】→【源文本】，设置合适的【字体系列】和【字体样式】，设置【字体大小】为540，【对齐方式】为 （左对齐）；单击 **T**（仿粗体）和 **TT**（全部大写）按钮，设置【填充】为白色。展开【变换】，设置【位置】为（106.8,589.0），如图8-13所示。展开【不透明度】，将时间线滑动到起始时间位置处，单击【不透明度】前方的 （切换动画）按钮，设置【不透明度】为100.0%；将时间线滑动到32帧位置处，设置【不透明度】为0.0%；将时间线滑动到1秒04帧位置处，设置【不透明度】为100.0%，如图8-14所示。

图 8-13　　　　　　图 8-14

步骤 07 单击V2轨道上的 （切换轨道输出）按钮，显示V2轨道素材文件。在【效果】面板中搜索【轨道遮罩键】效果，将该效果拖动到【时间轴】面板中V2轨道的01.mp4素材文件上，如图8-15所示。单击V2轨道上的01.mp4素材文件，在【效果控件】面板中展开【轨道遮罩键】，设置【遮罩】为视频3，如图8-16所示。

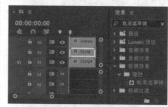 

图 8-15　　　　　　图 8-16

本实例制作完成，滑动时间线查看画面效果，如图8-17所示。

图 8-17

8.2.2 实例：制作短视频文字动画

实例路径	Chapter 8 字幕→实例：制作短视频文字动画

扫一扫，看视频

本实例主要使用【文字工具】制作文字，使用【蒙版】制作文字动画。实例效果如图 8-18 所示。

图 8-18

操作步骤

步骤 01 执行【文件】→【新建】→【项目】命令，新建一个项目。接着执行【文件】→【导入】命令，导入全部素材。在【项目】面板中将01.mp4素材文件拖动到【时间轴】面板中的V1轨道上，此时在【项目】面板中自动生成一个与01.mp4素材文件等大的序列，如图 8-19 所示。

图 8-19

步骤 02 滑动时间线，此时画面效果如图8-20所示。

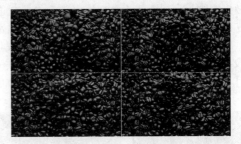

图 8-20

步骤 03 将时间线滑动到4秒23帧位置处，按W键波纹删除素材后半部分，如图8-21所示。将时间线滑动到起始时间位置处，在【工具】面板中单击 T（文字工具）按钮，接着在【节目监视器】面板中合适的位置单击并输入合适的文字，如图8-22所示。

图 8-21   图 8-22

步骤 04 在【时间轴】面板中选择V2轨道上的文字图层，在【效果控件】面板中展开【文本】→【源文本】，设置合适的【字体系列】和【字体样式】，设置【字体大小】为120，单击 TT（全部大写）按钮。取消勾选【填充】复选框，勾选【描边】复选框，设置【描边颜色】为白色，【描边宽度】为5.0。展开【变换】，设置【位置】为(91.6,754.2)，如图8-23所示。在【时间轴】面板中单击V2轨道上的文字图层，按住Alt键并垂直向上分别复制到V3和V4轨道上，如图8-24所示。

图 8-23

图 8-24

步骤 05 在【时间轴】面板中选择V3轨道上的文字图层，在【效果控件】面板中展开【文本】→【源文本】，勾选【填充】复选框，并设置【填充】为白色，取消勾选【描边】复选框，如图8-25所示。在【时间轴】面板中选择V4轨道上的文字图层，在【效果控件】面板中展开【文本】→【源文本】，勾选【填充】复选框，并设置【填充】为咖啡色，取消勾选【描边】复选框，如图8-26所示。

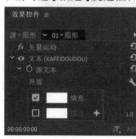 

图 8-25　　　　　　　图 8-26

步骤 06 在【时间轴】面板中设置V2轨道上文字图层的结束时间为2秒03帧，V3、V4轨道上文字图层的结束时间为4秒23帧，如图8-27所示。在【时间轴】面板中单击V2轨道上的文字图层，在【效果控件】面板中展开【不透明度】，将时间线滑动到起始时间位置处，单击【不透明度】前方的（切换动画）按钮，设置【不透明度】为0.0%；将时间线滑动到10帧位置处，设置【不透明度】为100.0%，如图8-28所示。

图 8-27　　　　　　　图 8-28

步骤 07 在【时间轴】面板中单击V3轨道上的文字图层，在【效果控件】面板中展开【不透明度】，单击（创建4点多边形蒙版）按钮，如图8-29所示。将时间线滑动到10帧位置处，展开【蒙版（1）】，单击【蒙版路径】前方的（切换动画）按钮，如图8-30所示。

图 8-29　　　　　　　图 8-30

步骤 08 在【节目监视器】面板中设置蒙版为合适的位置与大小，如图8-31所示。将时间线滑动到1秒02帧位置处，在【节目监视器】面板中设置蒙版为合适的位置与大小，如图8-32所示。

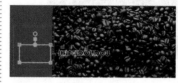 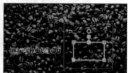

图 8-31　　　　　　　图 8-32

步骤 09 将时间线滑动到1秒15帧位置处，在【节目监视器】面板中设置蒙版为合适的位置与大小，如图8-33所示。在【时间轴】面板中单击V4轨道上的文字图层，在【效果控件】面板中展开【不透明度】，单击（创建4点多边形蒙版）按钮，如图8-34所示。

图 8-33　　　　　　　图 8-34

步骤 10 将时间线滑动到1秒08帧位置处，展开【蒙版（1）】，单击【蒙版路径】前方的（切换动画）按钮，设置【蒙版羽化】为25.0，如图8-35所示。在【节目监视器】面板中设置蒙版为合适的位置与大小，如图8-36所示。

图 8-35　　　　　　　图 8-36

步骤 11 将时间线滑动到2秒05帧位置处，在【节目监视器】面板中设置蒙版为合适的位置与大小，如图8-37所示。滑动时间线，此时画面效果如图8-38所示。

 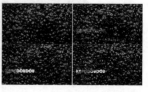

图 8-37　　　　　　　图 8-38

步骤 12 将时间线滑动到起始时间位置处，在【工具】面板中单击 T（文字工具）按钮，在【节目监视器】面板中合适的位置单击并输入合适的文字，如图8-39所示。在【时间轴】面板中选择V5轨道上的文字图层，在【效果控件】面板中展开【文本】→【源文本】，设置合适的【字体系列】和【字体样式】，设置【字体大小】为100，单击 TT（全部大写）按钮。取消勾选【填充】复选框，勾选【描边】复选框，设置【描边颜色】为白色，【描边宽度】为5.0。展开【变换】，设置【位置】为(106.8,548.0)，如图8-40所示。

图 8-39　　　　　　　　图 8-40

步骤 13 在【时间轴】面板中单击V5轨道上的文字图层，按住Alt键并垂直向上复制到V6轨道上，如图8-41所示。设置V5、V6轨道上文字图层的结束时间为4秒23帧，如图8-42所示。

图 8-41　　　　　　　　图 8-42

步骤 14 在【时间轴】面板中单击V5轨道上的文字图层，在【效果控件】面板中展开【运动】，将时间线滑动到1秒16帧位置处，单击【位置】前方的 ⏱（切换动画）按钮，设置【位置】为(-795.0,540.0)；将时间线滑动到2秒09帧位置处，设置【位置】为(960.0,540.0)，如图8-43所示。在【时间轴】面板中单击V6轨道上的文字图层，在【效果控件】面板中展开【文本】→【源文本】，勾选【填充】复选框，并设置【填充】为咖啡色，取消勾选【描边】复选框，如图8-44所示。

图 8-43　　　　　　　　图 8-44

步骤 15 在【时间轴】面板中单击V6轨道上的文字图层，在【效果控件】面板中展开【不透明度】，单击 ▭（创建4点多边形蒙版）按钮，如图8-45所示。将时间线滑动到2秒15帧位置处，展开【蒙版(1)】，单击【蒙版路径】前方的 ⏱（切换动画）按钮，设置【蒙版羽化】为20.0，如图8-46所示。

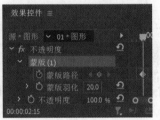

图 8-45　　　　　　　　图 8-46

步骤 16 在【节目监视器】面板中设置蒙版为合适的位置与大小，如图8-47所示。将时间线滑动到3秒位置处，在【节目监视器】面板中设置蒙版为合适的位置与大小，如图8-48所示。

图 8-47

图 8-48

本实例制作完成，滑动时间线查看画面效果，如图8-49所示。

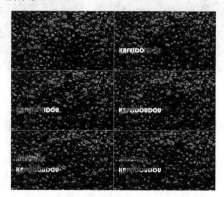

图 8-49

8.2.3 实例：制作景区宣传文字动画

扫一扫，看视频

| 实例路径 | Chapter 08　字幕→实例：制作景区宣传文字动画 |

本实例主要使用【文字工具】制作文字，使用【变换】效果制作文字弹出效果。实例效果如图8-50所示。

图 8-50

操作步骤

步骤 01 执行【文件】→【新建】→【项目】命令，新建一个项目。接着执行【文件】→【导入】命令，导入全部素材。在【项目】面板中将01.mp4素材文件拖动到【时间轴】面板中的V1轨道上，此时在【项目】面板中自动生成一个与01.mp4素材文件等大的序列，如图8-51所示。

图 8-51

步骤 02 滑动时间线，此时画面效果如图8-52所示。

图 8-52

步骤 03 将时间线滑动到8秒01帧位置处，按W键波纹删除素材后半部分，如图8-53所示。将时间线滑动到10帧位置处，在【工具】面板中单击 T（文字工具）按钮，在【节目监视器】面板中单击空白区域，输入合适的文字内容，如图8-54所示。

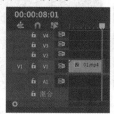 

图 8-53　　　　　　　图 8-54

步骤 04 选中文字，在【效果控件】面板中设置合适的【字体系列】和【字体样式】，设置【字体大小】为260，字体样式为仿粗体，如图8-55所示。单击【填充】下方的颜色块，弹出【拾色器】窗口，设置【填充类型】为线性渐变，并编辑一个黄色系渐变，接着单击【确定】按钮，如图8-56所示。

图 8-55　　　　　　　图 8-56

步骤 05 勾选【描边】复选框，单击后方的颜色块，在弹出的【拾色器】窗口中设置【填充类型】为线性渐变，并编辑一个白色到黄色的渐变，接着单击【确定】按钮，如图8-57所示。设置【描边宽度】为6.0，【描边位置】为中心。勾选【阴影】复选框，设置【不透明度】为100%，

Premiere短视频制作教程（案例视频 全彩版）

【角度】为0,【距离】为4.0,【大小】为2.0,【模糊】为19。展开【变换】,设置【位置】为(64.7,488.4),如图8-58所示。

图 8-57　　　　　　　　图 8-58

步骤 06 在【效果控件】面板中展开【运动】,设置【位置】为(972.0,540.0),如图8-59所示。在【时间轴】面板中单击V2轨道上的文字图层,按住Alt键向上复制到V3轨道20帧位置处,如图8-60所示。

图 8-59　　　　　　　　图 8-60

步骤 07 单击V3轨道上的文字图层,在【效果控件】面板中展开【运动】,设置【位置】为(1270.0,540.0),如图8-61所示。在【节目监视器】面板中修改文字为【无】。如图8-62所示。

图 8-61　　　　　　　　图 8-62

步骤 08 使用同样的方式继续制作剩余文字,设置合适的起始时间并摆放至合适的位置,如图8-63所示。在【时间轴】面板中设置所有文字图层的结束时间为8秒11帧,此时文字图层呈梯状排列,如图8-64所示。

图 8-63　　　　　　　　图 8-64

步骤 09 在【效果】面板中搜索【变换】效果,将该效果拖动到【时间轴】面板中V2轨道的文字图层上,如图8-65所示。选择V2轨道上的文字图层,在【效果控件】面板中展开【变换】,将时间线滑动到10帧位置处,单击【缩放】前方的 ⏱（切换动画）按钮,设置【缩放】为100.0;将时间线滑动到15帧位置处,设置【缩放】为150.0;将时间线滑动到20帧位置处,设置【缩放】为100.0;取消勾选【使用合成的快门角度】复选框,设置【快门角度】为360.00,如图8-66所示。

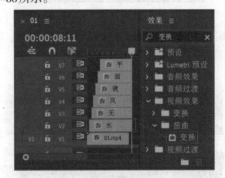

图 8-65

图 8-66

步骤 10 在【效果】面板中搜索【变换】效果,将该效果拖动到【时间轴】面板中V3轨道的文字图层上,如图8-67所示。选择V3轨道上的文字图层,在【效果控件】面板中展开【变换】,将时间线滑动到20帧位置处,单击【缩放】前方的 ⏱（切换动画）按钮,设置【缩放】为100.0;将时间线滑动到1秒01帧位置处,设置【缩放】为150.0;将时间线滑动到1秒06帧位置处,设置【缩放】为100.0;取消勾选【使用合成的快门角度】复选框，设置【快门角度】为360.00，如图8-68所示。

图8-67

图8-68

步骤 11 使用同样的方法制作画面文字动态效果，滑动时间线查看文字效果，如图8-69所示。

图8-69

步骤 12 在【时间轴】面板中框选所有文字图层，右击，在弹出的快捷菜单中执行【嵌套】命令，如图8-70所示。设置【名称】为嵌套序列01，此时嵌套序列出现在V2轨道上，如图8-71所示。

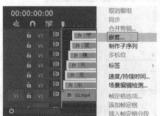

图8-70   图8-71

步骤 13 在【时间轴】面板中选择嵌套序列，在【效果控件】面板中展开【运动】，设置【位置】为(1049.7,608.5)，如图8-72所示。

图8-72

本实例制作完成，滑动时间线查看画面效果，如图8-73所示。

图8-73

8.2.4 实例：制作扫光文字效果

扫一扫，看视频

实例路径	Chapter 08　字幕→实例：制作扫光文字效果

　　本实例使用【文字】命令创建文字并添加合适的效果，使用【蒙版】制作扫光文字效果。实例效果如图8-74所示。

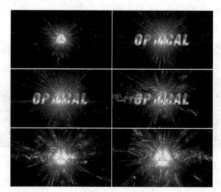

图8-74

操作步骤

步骤 01 执行【文件】→【新建】→【项目】命令，新建一个项目。接着执行【文件】→【导入】命令，导入全部素材。在【项目】面板中将01.mp4素材文件拖动到【时间轴】面板中的V1轨道上，此时在【项目】面板中自动生成一个与01.mp4素材文件等大的序列，如图8-75所示。

图 8-75

步骤 02 滑动时间线，此时画面效果如图8-76所示。

图 8-76

步骤 03 将时间线滑动到1秒26帧位置处，按Q键波纹删除素材前半部分，如图8-77所示。将时间线滑动到3秒10帧位置处，按W键波纹删除素材后半部分，如图8-78所示。

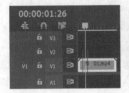

图 8-77　　　　　图 8-78

步骤 04 执行【图形和标题】→【新建图层】→【文本】命令，如图8-79所示，创建一个文本。输入合适的文字内容，如图8-80所示。

图 8-79　　　　　图 8-80

步骤 05 单击【时间轴】面板中的文字图层，在【效果控件】面板中展开【文本】→【源文本】，设置合适的【字体系列】和【字体样式】，设置【字体大小】为400，如图8-81所示。

所示。单击【填充】后方的颜色块，在弹出的【拾色器】窗口中设置【填充类型】为线性渐变，编辑一个从紫色到淡紫色的渐变，设置【角度】为260°，接着单击【确定】按钮，如图8-82所示。

图 8-81　　　　　　　图 8-82

步骤 06 勾选【描边】复选框，设置【描边颜色】为深紫色，【描边宽度】为10.0；勾选【阴影】复选框，设置【颜色】为深紫色，【不透明度】为50%，【角度】为82°，【距离】为18.0，【大小】为0.0，【模糊】为30。展开【变换】，设置【位置】为(453.9,834.0)，如图8-83所示。在【效果】面板中搜索【Alpha 发光】效果，将该效果拖动到【时间轴】面板中V2轨道的文字图层上，如图8-84所示。

图 8-83

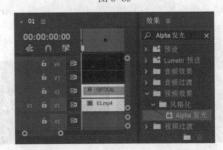

图 8-84

步骤 07 在【效果控件】面板中展开【Alpha 发光】，设置【起始颜色】为紫色，【结束颜色】为深一些的紫色，如

图8-85所示。在【时间轴】面板中单击选择V2轨道上的文字图层，按住Alt键向上垂直拖动到V3轨道上，如图8-86所示。

图8-85　　　　　　图8-86

步骤 08 在【效果控件】面板中展开【文本】→【源文本】，单击【填充】后方的颜色块，在弹出的【拾色器】窗口中设置一个玫粉色的渐变，接着单击【确定】按钮，如图8-87所示。在【时间轴】面板中单击V3轨道上的文字图层，在【效果控件】面板中展开【不透明度】，单击◯（创建椭圆形蒙版）按钮，如图8-88所示。

图8-87　　　　　　图8-88

步骤 09 展开【蒙版（1）】，将时间线滑动到起始时间位置处，单击【蒙版路径】前方的◯（切换动画）按钮，设置【蒙版羽化】为150.0，如图8-89所示。在【节目监视器】面板中将蒙版设置为合适的位置与大小，如图8-90所示。

图8-89　　　　　　图8-90

步骤 10 将时间线滑动到1秒10帧位置处，在【节目监视器】面板中将蒙版设置为合适的位置与大小，如图8-91所

示。滑动时间线，此时画面效果如图8-92所示。

图8-91　　　　　　图8-92

步骤 11 在【时间轴】面板中框选V2和V3轨道上的文字图层，右击，在弹出的快捷菜单中执行【嵌套】命令，如图8-93所示。在【时间轴】面板中单击V2轨道上的嵌套序列01，在【效果控件】面板中展开【运动】，将时间线滑动到起始时间位置处，单击【缩放】前方的◯（切换动画）按钮，设置【缩放】为0.0；将时间线滑动到10帧位置处，设置【缩放】为100.0，如图8-94所示。

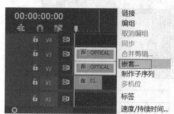

图8-93　　　　　　图8-94

步骤 12 在【时间轴】面板中单击V3轨道上的嵌套序列01，在【效果控件】面板中展开【不透明度】，单击◻（创建4点多边形蒙版）按钮，如图8-95所示。将时间线滑动到1秒21帧位置处，展开【蒙版（1）】，单击【蒙版路径】前方的◯（切换动画）按钮，设置【蒙版羽化】为100.0，勾选【已反转】复选框，如图8-96所示。

图8-95　　　　　　图8-96

步骤 13 在【节目监视器】面板中将蒙版设置为合适的位置与大小，如图8-97所示。

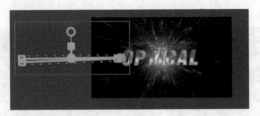

图 8-97

步骤 14 将时间线滑动到2秒15帧位置处，在【节目监视器】面板中将蒙版设置为合适的位置与大小，如图8-98所示。滑动时间线，此时画面效果如图8-99所示。

 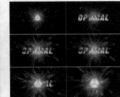

图 8-98   图 8-99

步骤 15 在【项目】面板中将02.mov素材文件拖动到【时间轴】面板中V3轨道的13帧位置处，如图8-100所示。在【效果控件】面板中展开【不透明度】，设置【混合模式】为滤色。在【时间轴】面板中的02.mov素材文件上右击，在弹出的快捷菜单中执行【速度/持续时间】命令，如图8-101所示。

图 8-100

图 8-101

步骤 16 在弹出的【剪辑速度/持续时间】对话框中，设置【速度】为150%，接着单击【确定】按钮，如图8-102所示。在【时间轴】面板中设置V3轨道上02.mov素材文件的

结束时间为3秒09帧，如图8-103所示。

图 8-102   图 8-103

本实例制作完成，滑动时间线查看画面效果，如图8-104所示。

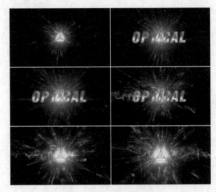

图 8-104

8.2.5 实例：制作电影片尾字幕

实例路径	Chapter 08 字幕→实例：制作电影片尾字幕

本实例使用【文字】命令创建文字并添加合适的效果，制作电影片尾字幕效果。实例效果如图8-105所示。

扫一扫，看视频

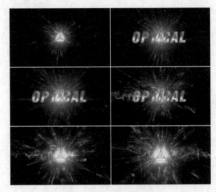

图 8-105

操作步骤

步骤 01 执行【文件】→【新建】→【项目】命令，新建一个项目。接着执行【文件】→【导入】命令，导入全部素材。在【项目】面板中将01.mp4素材文件拖动到【时间轴】面板中的V1轨道上，此时在【项目】面板中自动生成一个与01.mp4素材文件等大的序列，如图8-106所示。

图 8-106

步骤 02 滑动时间线，此时画面效果如图8-107所示。

图 8-107

步骤 03 在【时间轴】面板中单击V1轨道上的01.mp4素材文件，在【效果控件】面板中展开【运动】，设置【位置】为(1400.0,400.0)，【缩放】为55.0，如图8-108所示。展开【不透明度】，将时间线滑动到15秒20帧位置处，单击【不透明度】前方的 ⏱（切换动画）按钮，设置【不透明度】为100.0%；将时间线滑动到19秒06帧位置处，设置【不透明度】为0.0%，如图8-109所示。

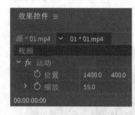

图 8-108   图 8-109

步骤 04 在【时间轴】面板中单击V1轨道上的01.mp4素材文件，按住Alt键向V2轨道上垂直拖动，如图8-110所示。在【时间轴】面板中单击V2轨道上的01.mp4素材文件，在【效果控件】面板中展开【运动】，设置【位置】为(1400.0,990.0)；展开【不透明度】，修改15秒20帧位置处

的【不透明度】为30.0%，如图8-111所示。

图 8-110   图 8-111

步骤 05 在【效果】面板中搜索【垂直翻转】效果，将该效果拖动到V2轨道的01.mp4素材文件上，如图8-112所示。滑动时间线，此时画面效果如图8-113所示。

图 8-112

图 8-113

步骤 06 执行【图形和标题】→【新建图层】→【文本】命令，创建一个文本，如图8-114所示，输入适合的文字内容并设置结束时间为16秒。选中文字图层，在【效果控件】面板中展开【文本】→【源文本】，设置合适的【字体系列】和【字体样式】，设置【字体大小】为40，【对齐方式】为居中对齐，【行距】为70，【填充】为白色，如图8-115所示。

图 8-114   图 8-115

步骤 07 展开【变换】，将时间线滑动到起始时间位置处，单击【位置】前方的 (切换动画)按钮，设置【位置】为(387.3,1108.9)；将时间线滑动到15秒13帧位置处，设置【位置】为(387.3,-1691.1)，如图8-116所示。展开【运动】，设置【位置】为(963.8,547.7)，如图8-117所示。

图 8-116　　　　　　　图 8-117

步骤 08 在【项目】面板中将配乐.mp3素材文件拖动到【时间轴】面板中的A1轨道上，并设置结束时间为19秒11帧，如图8-118所示。双击A1轨道上配乐.mp3素材文件前方的空白位置，将时间线滑动到15秒20帧位置处，按住Ctrl键单击速率线添加关键帧；将时间线滑动到19秒11帧位置处，按住Ctrl键单击速率线添加关键帧，如图8-119所示。

图 8-118　　　　　　　图 8-119

步骤 09 将19秒11帧位置处的关键帧向下进行拖动，如图8-120所示。

图 8-120

本实例制作完成，滑动时间线查看画面效果，如图8-121所示。

图 8-121

8.2.6　实例：制作图示引导动画

实例路径	Chapter 08　字幕→实例：制作图示引导动画

扫一扫，看视频

本实例主要使用【模板】制作合适的文字动画效果。实例效果如图8-122所示。

图 8-122

操作步骤

步骤 01 执行【文件】→【新建】→【项目】命令，新建一个项目。执行【文件】→【新建】→【序列】命令，在【新建序列】窗口中单击【设置】按钮，设置【编辑模式】为ARRI Cinema，【时基】为24.00帧/秒，【帧大小】为1920，【水平】为1080，【像素长宽比】为方形像素(1.0)，设置完成后单击【确定】按钮。执行【文件】→【导入】命令，导入全部素材。在【项目】面板中将封面.jpg素材文件拖动到【时间轴】面板中的V1轨道上，如图8-123所示。

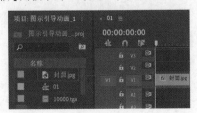

图 8-123

步骤 02 此时画面效果如图8-124所示。

图 8-124

步骤 03 在【时间轴】面板中设置V1轨道上的封面.jpg素材文件的结束时间为10秒，如图8-125所示。单击封面.jpg素材文件，在【效果控件】面板中展开【运动】，设置【位置】为(980.0,1300.0)，设置【缩放】为85.0，如图8-126所示。

图 8-125   图 8-126

步骤 04 在【效果】面板中搜索【快速模糊】效果，将该效果拖动到【时间轴】面板中V1轨道的封面.jpg素材文件上，如图8-127所示。在【效果控件】面板中展开【快速模糊】，设置【模糊度】为30.0，勾选【重复边缘像素】复选框，如图8-128所示。

图 8-127

图 8-128

步骤 05 在【项目】面板中将10000.tga素材文件拖动到【时间轴】面板中的V2轨道上，如图8-129所示。滑动时间线，此时画面效果如图8-130所示。

图 8-129

图 8-130

步骤 06 将时间线滑动到5秒04帧位置处，在【工具】面板中单击 ✎ (钢笔工具)按钮，在【节目监视器】面板中合适的位置绘制图形，如图8-131所示。在【时间轴】面板中单击V3轨道上的图形，在【效果控件】面板中展开【形状】→【外观】，取消勾选【填充】复选框，勾选【描边】复选框，设置【描边颜色】为蓝色，【描边宽度】为6.0，如图8-132所示。

图 8-131   图 8-132

步骤 07 在【效果控件】面板中展开【不透明度】，单击 ▥ (创建4点多边形蒙版)按钮，如图8-133所示。展开【蒙版(1)】，将时间线滑动到5秒04帧位置处，单击【蒙版路径】前方的 ⭕ (切换动画)按钮，如图8-134所示。

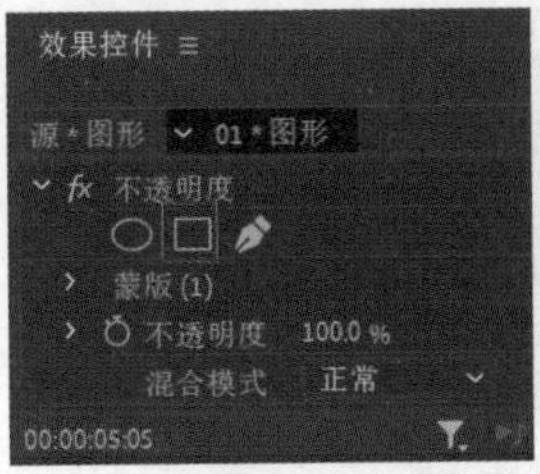

图 8-133

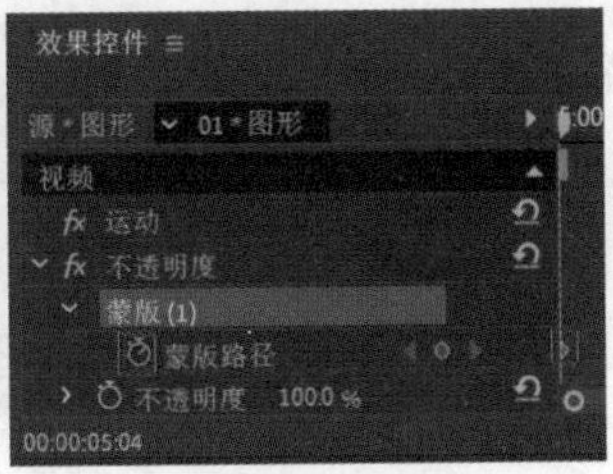

图 8-134

步骤 08 在【节目监视器】面板中调整蒙版为合适的位置与大小，如图8-135所示；将时间线滑动到5秒08帧位置处，在【节目监视器】面板中调整蒙版为合适的位置与大小，如图8-136所示。

图 8-135

图 8-136

步骤 09 将时间线滑动到5秒15帧位置处，在【节目监视器】面板中调整蒙版为合适的位置与大小，如图8-137所示；将时间线滑动到6秒01帧位置处，在【节目监视器】面板中调整蒙版为合适的位置与大小，如图8-138所示。

图 8-137

图 8-138

步骤 10 在【时间轴】面板中设置V3轨道上的图形的结束时间为10秒，如图8-139所示。在【基本图形】面板中，单击【浏览】按钮，接着搜索【现代标题】效果，将该效果拖动到【时间轴】面板中V4轨道的5秒18帧位置处，如图8-140所示。

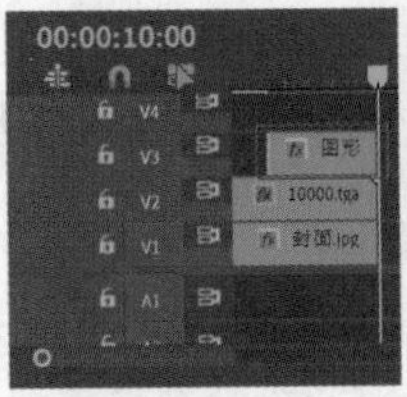

图 8-139

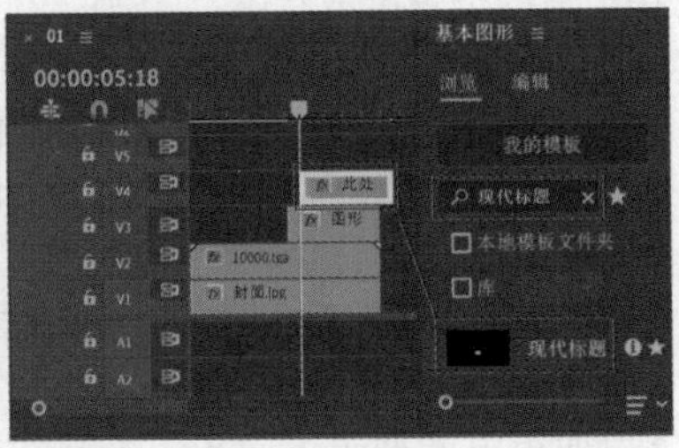

图 8-140

步骤 11 在【基本图形】面板中单击【编辑】按钮，双击【此处输入您的标题】，修改文字为【强烈推荐】，如图8-141所示。接着在【文本】中设置合适的【字体系列】和【字体样式】，设置【字体大小】为122，【填充类型】为实底，【颜色】为白色，如图8-142所示。

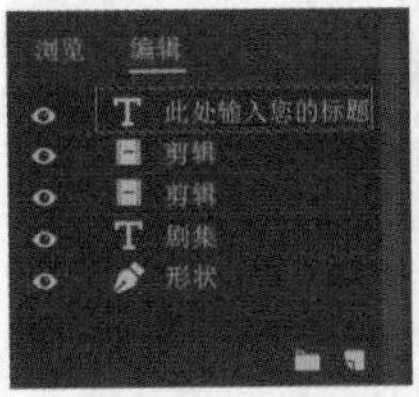

图 8-141

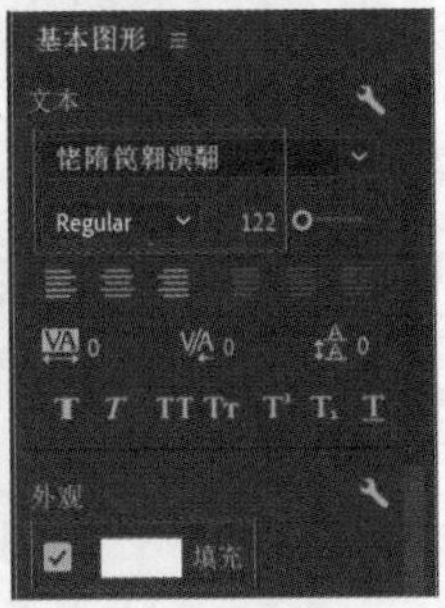

图 8-142

步骤 12 在【基本图形】面板中单击【编辑】按钮，双击【剧集】，修改文字为【唯美系列】，如图8-143所示。接着在【文本】中设置合适的【字体系列】和【字体样式】，设置【字体大小】为60，【填充类型】为实底，【颜色】为蓝色，如图8-144所示。

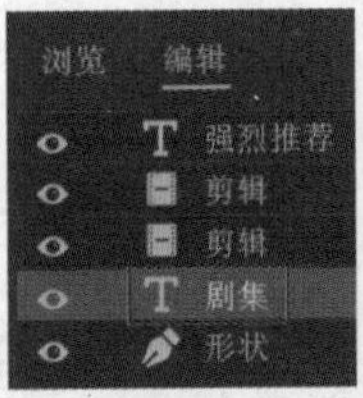

图 8-143

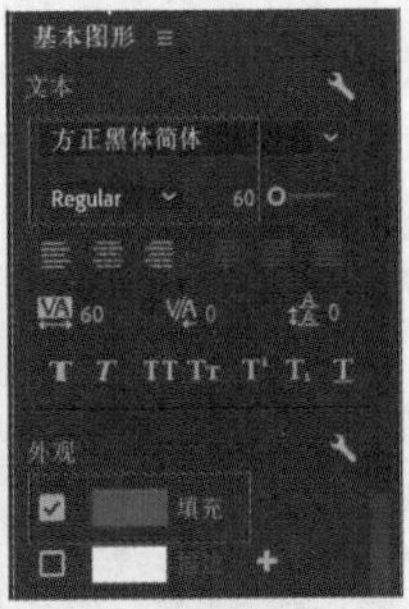

图 8-144

步骤 13 在【编辑】中不选择任何素材，设置 (切换动画位置)为(1505.0,805.0)，如图8-145所示。

图 8-145

本实例制作完成，滑动时间线查看画面效果，如图8-146所示。

图8-146

8.2.7　实例：为视频添加字幕

扫一扫，看视频

实例路径	Chapter 08　字幕→实例：为视频添加字幕

本实例主要使用【文字工具】制作合适的文字及效果，并使用【不透明度】属性制作动画。实例效果如图8-147所示。

图8-147

操作步骤

步骤 01 执行【文件】→【新建】→【项目】命令，新建一个项目。接着执行【文件】→【导入】命令，导入全部素材。在【项目】面板中将01.mp4素材文件拖动到【时间轴】面板中的V1轨道上，此时在【项目】面板中自动生成一个与01.mp4素材文件等大的序列，如图8-148所示。

图8-148

步骤 02 滑动时间线，此时画面效果如图8-149所示。

图8-149

步骤 03 将时间线滑动到9秒17帧位置处，在【时间轴】面板中单击V1轨道上的01.mp4素材文件，按W键波纹删除素材后半部分，设置结束时间为9秒17帧，如图8-150所示。在【效果】面板中搜索【白场过渡】效果，将该效果拖动到【时间轴】面板中01.mp4素材文件的起始时间位置处，如图8-151所示。

图8-150　　　　　　　图8-151

步骤 04 将时间线滑动到1秒20帧位置处，在【工具】面板中单击 T （文字工具）按钮，接着在【节目监视器】面板中合适的位置单击并输入合适的文字，如图8-152所示。在【时间轴】面板中选择V2轨道上的文字图层，在【效果控件】面板中展开【文本】→【源文本】，设置合适的【字体系列】和【字体样式】，设置【字体大小】为60，【填充】为白色，如图8-153所示。

步骤 05 在【时间轴】面板中设置V2轨道上文字图层的结束时间为9秒18帧，如图8-154所示。单击选择【时间轴】面板中V2轨道上的文字图层，将时间线分别滑动到3秒10帧、5秒、6秒14帧、8秒04帧位置处，按快捷键

Ctrl+K进行裁剪，如图8-155所示。

图8-152　　　　　图8-153

图8-154　　　　　图8-155

步骤 06 选中V2轨道上3秒10帧后方的文字，在【节目监视器】面板中双击修改文字，如图8-156所示。双击V2轨道上5秒后方的文字，继续修改文字，如图8-157所示。

图8-156　　　　　图8-157

步骤 07 使用同样的方法制作文字，滑动时间线，此时画面效果如图8-158所示。将时间线滑动到5帧位置处，执行【图形和标题】→【新建图层】→【文本】命令，如图8-159所示。

图8-158　　　　　图8-159

步骤 08 在【节目监视器】面板中输入合适的文字内容，如图8-160所示。在【效果控件】面板中展开【文本】→

【源文本】，设置合适的【字体系列】和【字体样式】，设置【字体大小】为236，【填充】为白色；勾选【描边】复选框，设置【描边颜色】为橘黄色，【描边宽度】为14.0，【描边类型】为中心；再次添加一个描边，设置【描边颜色】为橘黄色，【描边宽度】为11.0，【描边类型】为外侧；展开【变换】，设置【位置】为(559.0,607.0)，如图8-161所示。

图8-160　　　　　图8-161

步骤 09 设置【时间轴】面板中V3轨道上的文字图层的结束时间为1秒11帧，如图8-162所示。

图8-162

步骤 10 在【时间轴】面板中单击V3轨道上的文字图层，在【效果控件】面板中展开【不透明度】，将时间线滑动到5帧位置处，单击【不透明度】前方的◎（切换动画）按钮，设置【不透明度】为0.0%；将时间线滑动到10帧位置处，设置【不透明度】为100.0%；将时间线滑动到1秒01帧位置处，设置【不透明度】为100.0%；将时间线滑动到1秒10帧位置处，设置【不透明度】为0.0%，如图8-163所示。

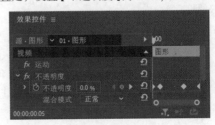

图8-163

本实例制作完成，滑动时间线查看画面效果，如图8-164所示。

图 8-164

8.2.8 实例：应用【文本】面板添加字幕

扫一扫，看视频

实例路径	Chapter 08 字幕→实例：应用【文本】面板添加字幕

本实例主要使用【文本】面板创建轨道字幕，学习快速输入文字的方法，并制作合适的文字效果。实例效果如图8-165所示。

图 8-165

操作步骤

步骤 01 执行【文件】→【新建】→【项目】命令，新建一个项目。接着执行【文件】→【导入】命令，导入全部素材。在【项目】面板中将01.mp4素材文件拖动到【时间轴】面板中的V1轨道上，此时在【项目】面板中自动生成一个与01.mp4素材文件等大的序列，如图8-166所示。

图 8-166

步骤 02 滑动时间线，此时画面效果如图8-167所示。

图 8-167

步骤 03 在【效果】面板中搜索【Lumetri 颜色】效果，将该效果拖动到【时间轴】面板中的01.mp4素材文件上，如图8-168所示。在【效果控件】面板中展开【基本校正】→【颜色】，设置【色温】为-2.0，【色彩】为84.0；展开【灯光】，设置【曝光】为0.6，【对比度】为-145.0，【高光】为38.0，【阴影】为29.0，如图8-169所示。

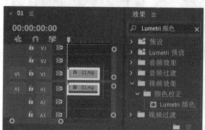

图 8-168　　　　　图 8-169

步骤 04 滑动时间线，此时画面效果如图8-170所示。在标题栏中单击【工作区】→【字幕和图形】，将当前模式设置为【字幕和图形】，如图8-171所示。

图 8-170

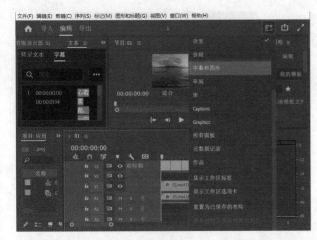

图 8-171

步骤 05 在【文本】面板的【字幕】中单击【创建新字幕轨】按钮，如图8-172所示。此时【时间轴】面板中将出现C1字幕轨道，如图8-173所示。

图 8-172　　　　　　　　　图 8-173

步骤 06 将时间线滑动到起始时间位置处，在【文本】面板的【字幕】中单击 ● (添加新字幕分段)按钮，如图8-174所示。或可单击 ⋯ 按钮，在打开的下拉菜单中执行【添加新字幕分段】命令，如图8-175所示。

图 8-174　　　　　　　　　图 8-175

步骤 07 输入合适的文字，如图8-176所示。单击 ⋯ 按钮，在打开的下拉菜单中执行【拆分字幕】命令，如图8-177所示。

图 8-176　　　　　　　　　图 8-177

步骤 08 输入合适的文字，如图8-178所示。使用同样的方法创建字幕轨道，并输入合适的文字。滑动时间线，此时画面效果如图8-179所示。

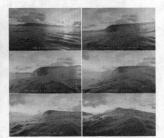

图 8-178　　　　　　　　　图 8-179

步骤 09 在【时间轴】面板中框选C1轨道上的所有字幕，在【基本图形】面板中单击【编辑】按钮，设置合适的【字体系列】和【字体样式】，设置【字体大小】为65，如图8-180所示。

图 8-180

本实例制作完成，滑动时间线查看画面效果，如图8-181所示。

图 8-181

8.2.9 实例：制作文字拆分滑动效果

实例路径	Chapter 08　字幕→实例：制作文字拆分滑动效果

扫一扫，看视频

本实例主要使用【工具】面板中的【文字工具】及【矩形工具】制作玻璃滑动效果。实例效果如图8-182所示。

图 8-182

操作步骤

步骤 01 执行【文件】→【新建】→【项目】命令，新建一个项目。接着执行【文件】→【导入】命令，导入全部素材。在【项目】面板中将01.mp4素材文件拖动到【时间轴】面板中的V1轨道上，此时在【项目】面板中自动生成一个与01.mp4素材文件等大的序列，如图8-183所示。

图 8-183

步骤 02 滑动时间线，此时画面效果如图8-184所示。在【项目】面板中将02.mp4素材文件拖动到【时间轴】面板中的V2轨道上，如图8-185所示。

图 8-184

图 8-185

步骤 03 将时间线滑动到5秒位置处，设置【时间轴】面板中V1、V2轨道上的素材文件的结束时间为5秒，如图8-186所示。将时间线滑动到起始时间位置处，在【工具】面板中单击【T】（文字工具）按钮，在【节目监视器】面板中合适的位置单击并输入合适的文字，如图8-187所示。

图 8-186　　　　　　图 8-187

步骤 04 在【时间轴】面板中选择V3轨道上的文字图层，在【效果控件】面板中展开【文本】→【源文本】，设置合适的【字体系列】和【字体样式】，设置【字体大小】为500，【填充】为白色；勾选【描边】复选框，设置【描边颜色】为蓝色，【描边宽度】为20.0；展开【变换】，设置【位置】为（255.4,598.5），【缩放】为66，如图8-188所示。选择V3轨道上的文字图层，按住Alt键垂直向上拖动进行复制，如图8-189所示。

图 8-188　　　　　　图 8-189

步骤 05 选择V4轨道上的文字图层，在【效果控件】面板中展开【文本】→【源文本】，设置【填充】为蓝色，【描边颜色】为白色,【描边宽度】为30.0,如图8-190所示。

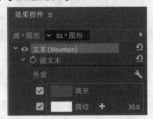

图 8-190

步骤 06 将时间线滑动到起始时间位置处,在【工具】面板中选择【矩形工具】,在文字左侧按住鼠标左键绘制一个长条矩形,如图8-191所示。再次绘制一个长条矩形,如图8-192所示。

图 8-191   图 8-192

步骤 07 再次绘制一个长条矩形,如图8-193所示。在【时间轴】面板中选择图形,在【效果控件】面板中展开【运动】,取消勾选【等比缩放】复选框,设置【缩放高度】为200.0,【旋转】为30.0°;将时间线滑动到起始帧位置处,单击【位置】前方的 (切换动画)按钮,设置【位置】为(223.0,219.5);将时间线滑动到3秒位置处,设置【位置】为(3068.9,1543.5),如图8-194所示。

图 8-193

图 8-194

步骤 08 在【效果】面板中搜索【轨道遮罩键】效果,将该效果拖动到【时间轴】面板中的V2和V4轨道上,如图8-195所示。在【时间轴】面板中单击V4轨道上的文字图层,在【效果控件】面板中展开【轨道遮罩键】,设置【遮罩】为视频5,如图8-196所示。

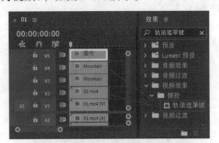

图 8-195

图 8-196

步骤 09 在【时间轴】面板中单击V2轨道上的02.mp4素材文件,在【效果控件】面板中展开【轨道遮罩键】,设置【遮罩】为视频5,如图8-197所示。

图 8-197

本实例制作完成,滑动时间线查看玻璃滑动效果,如图8-198所示。

图 8-198

8.2.10 实例：添加综艺花体

扫一扫，看视频

| 实例路径 | Chapter 08 字幕→实例：添加综艺花体 |

本实例主要使用文字图层创建文字，通过调整参数，制作综艺感十足的字体效果。实例效果如图8-199所示。

图 8-199

操作步骤

步骤 01 执行【文件】→【新建】→【项目】命令，新建一个项目。接着执行【文件】→【导入】命令，导入全部素材。在【项目】面板中将1.mp4素材文件拖动到【时间轴】面板中的V1轨道上，此时在【项目】面板中自动生成一个与1.mp4素材文件等大的序列，如图8-200所示。

图 8-200

步骤 02 滑动时间线，此时画面效果如图8-201所示。在【项目】面板中将红眼特效.mp4素材文件拖动到【时间轴】面板中的V2轨道上，如图8-202所示。

步骤 03 将时间线滑动到11秒01帧位置处，按快捷键Ctrl+K进行裁剪，如图8-203所示。单击前半部分的红眼特效.mp4素材文件，按Delete键进行删除。将红眼特效.mp4素材文件的起始时间滑动到3秒01帧，如图8-204所示。

图 8-201

图 8-202

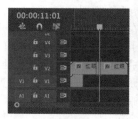

图 8-203   图 8-204

步骤 04 将时间线滑动到4秒27帧位置处，按W键波纹删除素材后半部分，如图8-205所示。在【时间轴】面板中选择V2轨道上的红眼特效.mp4素材文件。在【效果控件】面板中展开【运动】，设置【位置】为(244.0,368.3)，【缩放】为95.0，【旋转】为-31.0°；展开【不透明度】，设置【混合模式】为滤色，如图8-206所示。

图 8-205   图 8-206

Premiere短视频制作教程（案例视频 全彩版）

步骤 05 滑动时间线，此时画面效果如图8-207所示。

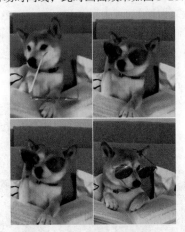

图 8-207

步骤 06 将时间线滑动到3秒02帧位置处。在菜单栏中执行【图形和标题】→【新建图层】→【文本】命令，在【节目监视器】面板中输入合适的文字内容，如图8-208所示。

步骤 07 选中文字，在【效果控件】面板中展开【文本】→【源文本】，设置合适的【字体系列】和【字体样式】，设置【字体大小】为136，如图8-209所示。

图 8-208

图 8-209

步骤 08 单击颜色块，在弹出的【拾色器】窗口中设置【填充类型】为线性渐变，并设置一个蓝色系的渐变效果，接着单击【确定】按钮，如图8-210所示。

图 8-210

步骤 09 设置【描边颜色】为深蓝色，【描边宽度】为5.0，【描边类型】为中心；再次添加一个天蓝色的【描边】，设置【描边宽度】为8.0，【描边类型】为外侧；勾选【阴影】复选框，设置一个白色的阴影，设置【不透明度】为50%，【角度】为100°，【距离】为10.0，【模糊】为30；展开【变换】，设置【位置】为(66.0,661.2)，【旋转】为351.0°，如图8-211所示。

步骤 10 在【时间轴】面板中设置V3轨道上的文字图层的结束时间为4秒27帧，如图8-212所示。

图 8-211　　　　　图 8-212

步骤 11 在【时间轴】面板中选择V3轨道上的文字图层，在【效果控件】面板中展开【运动】，将时间线滑动到3秒16帧位置处，单击【位置】前方的 ⏱（切换动画）按钮，设置【位置】为(1122.7,291.9)；将时间线滑动到3秒22帧位置处，设置【位置】为(320.0,400.0)，如图8-213所示。

图 8-213

本实例制作完成，滑动时间线查看画面效果，如图8-214所示。

图 8-214

8.2.11 实例：高效批量音频转文字

实例路径	Chapter 08 字幕→实例：高效批量音频转文字

本实例主要使用【网易见外工作台】将音频快速导出为文字，适用于大批量文字的制作。实例效果如图8-215所示。

图 8-215

操作步骤

步骤 01 执行【文件】→【新建】→【项目】命令，新建一个项目。接着执行【文件】→【导入】命令，导入全部素材。在【项目】面板中将01.mp4素材文件拖动到【时间轴】面板中的V1轨道上，此时在【项目】面板中自动生成一个与01.mp4素材文件等大的序列，如图8-216所示。

图 8-216

步骤 02 滑动时间线，此时画面效果如图8-217所示。

图 8-217

步骤 03 在【效果】面板中搜索【Lumetri颜色】效果，将该效果拖动到【时间轴】面板中V1轨道的01.mp4素材文

件上，如图8-218所示。单击V1轨道上的01.mp4素材文件，在【效果控件】面板中展开【Lumetri 颜色】→【基本校正】→【颜色】，设置【色温】为21.0，【色彩】为22.0；展开【灯光】，设置【曝光】为3.2，【对比度】为-16.0，【高光】为9.0，【阴影】为4.0；展开【创意】→【调整】，设置【锐化】为9.0，【饱和度】为121.0，如图8-219所示。

图 8-218   图 8-219

步骤 04 滑动时间线，此时画面效果如图8-220所示。在【项目】面板中将文字.mp3素材文件拖动到【时间轴】面板中的A1轨道上，如图8-221所示。

图 8-220

图 8-221

步骤 05 在【时间轴】面板中右击V1轨道上的01.mp4素材文件，在弹出的快捷菜单中执行【速度/持续时间】命令，如图8-222所示。在弹出的【剪辑速度/持续时间】对话框中设置【速度】为66.24%，【持续时间】为12秒14帧，单

Premiere短视频制作教程（案例视频 全彩版）

击【确定】按钮，如图8-223所示。

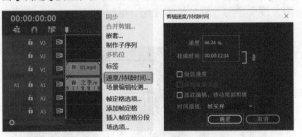

图 8-222   图 8-223

步骤 06 接着在浏览器中搜索【网易见外工作台】，打开网易见外工作台，如图8-224所示。在网易见外工作台中如果没有网易邮箱，需要注册后登录。登录后，单击【新建项目】按钮，如图8-225所示。

图 8-224

图 8-225

步骤 07 在弹出的【新建项目】窗口中单击【语音转写】按钮，如图8-226所示。在弹出的【语音转写】窗口中，设置【项目名称】为字幕，【文件语言】为中文，【出稿类型】为字幕，如图8-227所示。

图 8-226

图 8-227

步骤 08 单击【上传文件】后方的【添加音频】按钮，在弹出的【打开】对话框中单击选择文字.mp3素材文件，单击【打开】按钮，如图8-228所示。在【语音转写】窗口中，单击【提交】按钮，如图8-229所示。

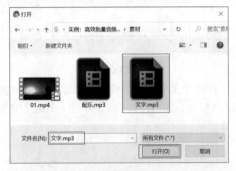

图 8-228

图 8-229

步骤 09 此时网易见外工作台中出现了刚刚提交的文件，需等待一段时间后，刷新网站，如图8-230所示。单击

【字幕】项目，弹出【字幕】面板，在【字幕】面板的下方播放音频，还可修改已有的文字。修改好后单击【导出】按钮，如图8-231所示。

图 8-230

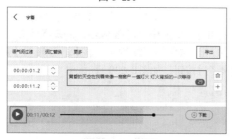

图 8-231

步骤 10 在弹出的【新建下载任务】对话框中设置合适的保存路径与文件名称，接着单击【下载】按钮，如图8-232所示。

图 8-232

步骤 11 在Premiere Pro中导入CHS_字幕.srt，在【项目】面板中将CHS_字幕.srt素材文件拖动到【时间轴】面板中的C1轨道上，在弹出的【新建字幕轨道】对话框中单击【确定】按钮，如图8-233所示。

图 8-233

步骤 12 滑动时间线，此时画面效果如图8-234所示。此时发现文字与音频时长不匹配，可调整结束时间为相同时间，如图8-235所示。

图 8-234

图 8-235

步骤 13 在【项目】面板中将配乐.mp3素材文件拖动到【时间轴】面板中的A2轨道上，如图8-236所示。将时间线滑动到10秒位置处，按快捷键Ctrl+K进行裁剪，如图8-237所示。

图 8-236

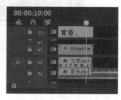

图 8-237

步骤 14 单击【时间轴】面板中A2轨道上前方的配乐.mp3素材文件，按快捷键Shift+Delete进行自动波纹删除，如图8-238所示。将时间线滑动到12秒14帧位置处，在不选择任何轨道的情况下按W键波纹删除素材后半部分，如图8-239所示。

图 8-238   图 8-239

Premiere短视频制作教程（案例视频 全彩版）

步骤 15 在标题栏中单击【工作区】→【音频】，将当前模式设置为【音频】，如图8-240所示。

图 8-240

步骤 16 在【时间轴】面板中单击A1轨道上的文字.mp3素材文件，在【基本声音】面板中单击【对话】按钮，如图8-241所示。展开【响度】，单击【自动匹配】按钮，如图8-242所示。

图 8-241   图 8-242

步骤 17 在【时间轴】面板中单击A2轨道上的配乐.mp3素材文件，在【基本声音】面板中单击【音乐】按钮，如图8-243所示。展开【回避】，单击 ▣（依据对话回避）按钮，设置【敏感度】为8.6，【闪避量】为-41.2dB，【淡化】为724毫秒；在【剪辑音量】中设置【级别】为-11.1分贝。如图8-244所示。

图 8-243   图 8-244

本实例制作完成，滑动时间线查看画面效果，如图8-245所示。

图 8-245

Chapter
9

第9章

配乐

本章内容简介

在Premiere Pro中不仅可以改变音频的音量大小，还可以制作各类音频效果，模拟不同的声音质感，从而辅助作品的画面产生更丰富的气氛和视觉情感。本章主要介绍在Premiere Pro中添加音频效果的主要流程、如何为音频素材添加关键帧、各类音频效果的使用方法、音频过渡效果的应用等。

重点知识掌握

- 认识配乐
- 配乐实例应用

优秀作品欣赏

9.1 认识配乐

声音是物体振动时产生的声波，它会以空气、水、固体等作为介质，通过不断运动将声波传递到人类的耳朵中，人类会通过声音的音调、音色、音频及响度等辨别声音的类型，声音是人类沟通的重要纽带。在影视作品中，会通过声音的不同效果渲染剧情和传递情感。

9.1.1 什么是音频

音频包括很多形式，人们听到的说话声、歌声、噪声、乐器声等一切与声音相关的声波都属于音频，不同音频的振动特点不同。Premiere Pro作为一款视频编辑软件，在音频效果方面也不甘示弱，可以通过音频效果模拟各种不同音质的声音，不同的画面情节也可以搭配不同的音频。

9.1.2 效果控件中默认的音频效果

在【时间轴】面板中单击音频素材，在【效果控件】面板中可针对音频素材的【音量】【通道音量】【声像器】等进行调整，如图9-1所示。

图 9-1

9.1.3 音频类效果

Premiere Pro 效果面板中包含几十种音频效果，每种音频效果产生的声音各不相同。每种音频效果的参数很多，建议大家为素材添加音频效果后分别调整一下每个参数，感受该参数变化产生的不同音效以加深印象。若要使用单声道文件，请在应用合唱效果之前将这些文件转换为立体声方可取得最佳效果。图9-2所示为【音频效果】分类面板。

图 9-2

9.2 配乐实例应用

本节将通过几个实例讲解音频效果的应用及编辑。

9.2.1 实例：制作声音淡入淡出效果

实例路径	Chapter 09 配乐→实例：制作声音淡入淡出效果

本实例主要使用【关键帧】制作声音淡入淡出效果。实例效果如图9-3所示。

扫一扫，看视频

图 9-3

操作步骤

步骤 01 执行【文件】→【新建】→【项目】命令，新建一个项目。接着执行【文件】→【导入】命令，导入全部素材。在【项目】面板中将01.mp4素材文件拖动到【时间轴】面板中的V1轨道上，此时在【项目】面板中自动生成一个与01.mp4素材文件等大的序列，如图9-4所示。

图 9-4

步骤 02 滑动时间线，此时画面效果如图9-5所示。

图 9-5

步骤 03 在【项目】面板中将配乐.mp3素材文件拖动到【时间轴】面板中的A1轨道上，如图9-6所示。将时间线滑动到12秒09帧位置处，在不选择任何图层的情况下按W键波纹删除素材后半部分，如图9-7所示。

图 9-6   图 9-7

步骤 04 双击【时间轴】面板中A1轨道上配乐.mp3素材文件前方的空白位置，如图9-8所示。将时间线分别滑动到起始时间、2秒、10秒、12秒09帧位置处，按住Ctrl键单击速率线添加锚点，如图9-9所示。

图 9-8   图 9-9

步骤 05 将第一个关键帧与最后一个关键帧向下拖动到底部制作出淡入淡出的效果，如图9-10所示。

图 9-10

9.2.2 实例：去除杂音

扫一扫，看视频

实例路径	Chapter 09 配乐→实例：去除杂音

本实例主要使用【基本声音】面板通过调整参数，达到降噪、突出人声的效果。实例效果如图9-11所示。

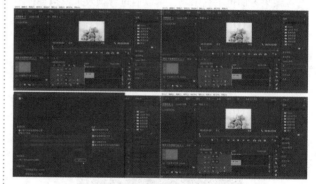

图 9-11

操作步骤

步骤 01 执行【文件】→【新建】→【项目】命令，新建一个项目。接着执行【文件】→【导入】命令，导入全部素材。在【项目】面板中将01.mp4素材文件拖动到【时间轴】面板中的V1轨道上，此时在【项目】面板中自动生成一个与01.mp4素材文件等大的序列，如图9-12所示。

图 9-12

步骤 02 滑动时间线，此时画面效果如图9-13所示。

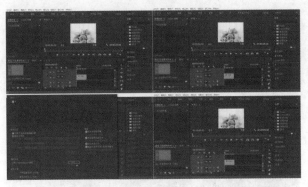

图 9-13

步骤 03 在【工作区】面板中单击【音频】，将当前模式设置为【音频】，如图9-14所示。

图 9-14

步骤 04 在【时间轴】面板中单击A1轨道上的01.mp4素材文件的音频文件。在【基本声音】面板中单击【对话】按钮，如图9-15所示。展开【修复】，勾选【减少杂色】复选框，设置【减少杂色】为6.0，如图9-16所示。

图 9-15　　　　　图 9-16

步骤 05 展开【透明度】，勾选【EQ】复选框，设置【预设】为略微提高（男声），如图9-17所示。此时本实例制作完成。

图 9-17

9.2.3　实例：配乐与录音混合

实例路径	Chapter 09　配乐→实例：配乐与录音混合

扫一扫，看视频

本实例主要使用【Lumetri 颜色】效果调整画面颜色，通过【基本声音】面板调整参数，突出人声的效果，并设置合适的预设使音乐与人声融合。实例效果如图9-18所示。

图 9-18

操作步骤

步骤 01 执行【文件】→【新建】→【项目】命令，新建一个项目。接着执行【文件】→【导入】命令，导入全部素材。在【项目】面板中将01.mp4素材文件拖动到【时间轴】面板中的V1轨道上，此时在【项目】面板中自动生成一个与01.mp4素材文件等大的序列，如图9-19所示。

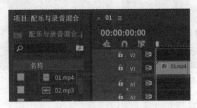

图 9-19

步骤 02 滑动时间线，此时画面效果如图9-20所示。

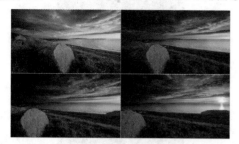

图9-20

步骤 03 将时间线滑动到12秒07帧位置处，在不选中任何图层的情况下，按W键波纹删除素材后半部分，如图9-21所示。在【效果】面板中搜索【Lumetri 颜色】效果，将该效果拖动到【时间轴】面板中V1轨道的01.mp4素材文件上，如图9-22所示。

图9-21　　　　　　　图9-22

步骤 04 在【效果控件】面板中展开【Lumetri 颜色】→【基本校正】→【颜色】，设置【色温】为28.0，【色彩】为-3.0；展开【灯光】，设置【曝光】为2.0，【对比度】为19.0，如图9-23所示。展开【创意】→【调整】，设置【自然饱和度】为18.0，将【阴影色彩】的控制点向左上角进行拖动，将【高光色彩】的控制点也向左上角进行拖动，如图9-24所示。

图9-23　　　　　　　图9-24

步骤 05 展开【曲线】→【RGB曲线】，单击红色轨道，单

击曲线添加锚点并适当向左上角进行拖动，再次单击曲线添加锚点向右下角进行拖动，如图9-25所示。滑动时间线，此时画面效果如图9-26所示。

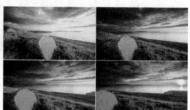

图9-25　　　　　　　图9-26

步骤 06 在【项目】面板中分别将02.mp3、03.mp3素材文件拖动到【时间轴】面板中的A1、A2轨道上，如图9-27所示。在【工作区】面板中单击【音频】，将当前模式设置为【音频】，如图9-28所示。

图9-27

图9-28

步骤 07 在【时间轴】面板中单击A1轨道上的02.mp3素材文件。在【基本声音】面板中单击【对话】按钮，如图9-29所示。展开【响度】，单击【自动匹配】按钮，如图9-30所示。

图 9-29   图 9-30

步骤 09 在【时间轴】面板中单击 A2 轨道上的 03.mp3 素材文件。在【基本声音】面板中单击【音乐】按钮，如图 9-33 所示。设置【预设】为平滑人声闪避，如图 9-34 所示。

图 9-33   图 9-34

步骤 08 展开【透明度】，勾选【EQ】复选框，设置【预设】为略微提高（女声），【数量】为7.3，如图 9-31 所示。将时间线滑动到12秒08帧位置处，按W键波纹删除素材后半部分，如图 9-32 所示。

图 9-31   图 9-32

第9章 配乐

149

Chapter 10
第10章

输出短视频

本章内容简介

在Premiere Pro中制作作品时，大多数读者认为当作品创作完成时就是操作的最后一步，其实并非如此。通常会在作品制作完成后需要进行渲染操作，将合成面板中的画面渲染出来，便于影像的保留和传输。本章主要讲解如何渲染不同格式的文件，包括常用的视频数量、图片格式、音频格式等。

重点知识掌握

- 认识输出
- 输出实例应用

优秀作品欣赏

10.1 认识输出

很多三维软件、后期制作软件在完成作品的制作后，都需要进行渲染，将最终的作品以可以打开或播放的格式呈现出来，以便可以在更多的设备上播放。影片的渲染，是指将构成影片的帧进行逐帧渲染。

输出通常是指最终的渲染过程。其实创建在【节目监视器】面板中显示的预览过程也属于渲染，但这并不是最终渲染。最终渲染是需要输出为一个满足用户需求的文件格式，如视频格式.avi。在Premiere Pro中主要有两种渲染方式，分别是在【导出】窗口中渲染和在Media Encoder中渲染。

不同的输出目的可以选择不同的输出格式。例如，若想输出小文件，可选择FLV格式；若想输出文件后继续编辑，可选择MOV格式；若想输出文件后进行存放或观看，可选择MP4格式。

10.1.1 【导出】窗口

视频编辑完成后，需要将其导出。激活【时间轴】面板，然后执行菜单栏中的【文件】→【导出】→【媒体】命令（快捷键为Ctrl+M），此时可以打开【导出】窗口，其中包括【选择目标】【调整预设】【预览】【导出】4部分，如图10-1所示。

图 10-1

10.1.2 使用Media Encoder 渲染

Media Encoder是视频音频编码程序，可用于渲染输出不同格式的作品。需要安装与Premiere Pro版本一致的Media Encoder，才可以打开并使用Media Encoder。

Media Encoder界面分为5部分，分别是【媒体浏览器】【预设浏览器】【队列】面板、【监视文件夹】和【编码】面板，如图10-2所示。

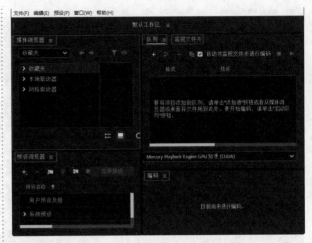

图 10-2

10.2 输出实例应用

10.2.1 实例：输出AVI视频格式文件

实例路径	Chapter 10　输出短视频→实例：输出AVI视频格式文件

扫一扫，看视频

本实例主要学习如何渲染输出AVI视频格式。实例效果如图10-3所示。

图 10-3

操作步骤

步骤 01 打开配套资源中的输出AVI格式.prproj，如图10-4所示。

步骤 02 在菜单栏中执行【文件】→【导出】→【媒体】命令，或按快捷键Ctrl+M，如图10-5所示。

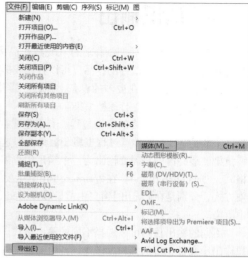

图 10-4

图 10-5

步骤 03 在弹出的【导出】窗口中设置合适的【文件名】和【位置】，设置【格式】为 AVI。接着展开【视频】，在【视频编解码器】选项中，设置【视频编解码器】为 DV NTSC。接着单击【导出】按钮，如图 10-6 所示。

图 10-6

步骤 04 此时将会弹出【编码 序列 01】对话框，显示渲染的进度条，如图 10-7 所示。

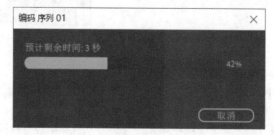

图 10-7

步骤 05 渲染完成后，在设置的保存路径中即可看到该视频的AVI格式，如图10-8所示。

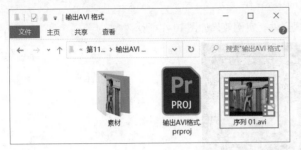

图 10-8

10.2.2　实例：输出小格式视频

实例路径	Chapter 10　输出短视频→实例：输出小格式视频

扫一扫，看视频

本实例主要学习如何渲染输出小格式视频。实例效果如图10-9所示。

图 10-9

操作步骤

步骤 01 打开配套资源中的输出小格式视频.prproj，如图10-10所示。

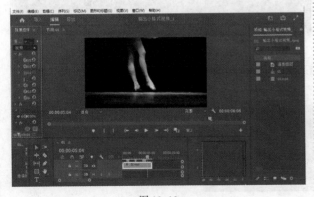

图 10-10

步骤 02 在菜单栏中执行【文件】→【导出】→【媒体】命令，或按快捷键Ctrl+M，打开【导出】窗口。

步骤 03 在弹出的【导出】窗口中设置合适的【文件名】和【位置】，设置【格式】为H.264。接着展开【视频】，在【比特率设置】选项中，设置【目标比特率】为10，最大比特率为12。接着单击【导出】按钮，如图10-11所示。

图 10-11

步骤 04 此时将会弹出【编码01】对话框，显示渲染的进度条，如图10-12所示。

图 10-12

步骤 05 渲染完成后，在设置的保存路径中即可查看刚刚渲染出的01.mp4，如图10-13所示。

图 10-13

10.2.3 实例：输出QuickTime 格式文件

扫一扫，看视频

实例路径	Chapter 10 输出短视频→实例：输出QuickTime格式文件

本实例主要学习如何渲染输出QuickTime格式文件。实例效果如图10-14所示。

图 10-14

操作步骤

步骤 01 打开配套资源中的输出QuickTime格式文件.prproj，如图10-15所示。

步骤 02 在菜单栏中执行【文件】→【导出】→【媒体】命令，或按快捷键Ctrl+M，打开【导出】窗口。

步骤 03 在弹出的【导出】窗口中设置合适的【文件名】和【位置】，设置【格式】为QuickTime，接着单击【导出】按钮，如图10-16所示。

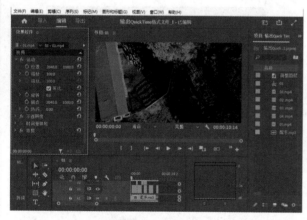

图 10-15

图 10-16

步骤 04 此时将会弹出【编码01】对话框，显示渲染的进度条，如图10-17所示。

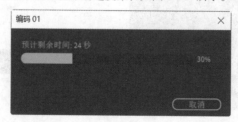

图 10-17

步骤 05 渲染完成后，在设置的保存路径中即可查看刚刚渲染出的01.mov，如图10-18所示。

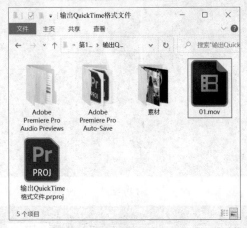

图 10-18

10.2.4 实例：输出单帧图片格式

实例路径	Chapter 10 输出短视频→实例：输出单帧图片格式

本实例主要学习如何渲染输出单帧图片格式。实例效果如图10-19所示。

扫一扫，看视频

图 10-19

操作步骤

步骤 01 打开配套资源中的输出单帧图片格式.prproj，如图10-20所示。

图 10-20

步骤 02 在菜单栏中执行【文件】→【导出】→【媒体】命令，或按快捷键Ctrl+M，打开【导出】窗口。

步骤 03 在弹出的【导出】窗口中设置合适的【文件名】和【位置】，设置【格式】为BMP。接着展开【视频】，在【基本设置】选项中，取消勾选【导出为序列】复选框，接着单击【导出】按钮，如图10-21所示。

图 10-21

步骤 04 此时将会弹出【编码01】对话框，显示渲染的进度条，如图10-22所示。

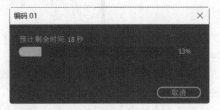

图 10-22

步骤 05 渲染完成后，在设置的保存路径中即可查看刚刚渲染出的1.bmp，如图10-23所示。

图 10-23

10.2.5 实例：通过Media Encoder渲染多个版本的视频

| 实例路径 | Chapter 10 输出短视频→实例：通过 Media Encoder渲染多个版本的视频 |

扫一扫，看视频

　　本实例主要学习通过Media Encoder渲染多个版本的视频的方法。实例效果如图10-24所示。

图 10-24

操作步骤

步骤 01 打开配套资源中的通过Media Encoder渲染多个版本的视频.prproj，如图10-25所示。

步骤 02 在菜单栏中执行【文件】→【导出】→【媒体】命令，或按快捷键Ctrl+M，打开【导出】窗口。

步骤 03 在弹出的【导出】窗口中单击底部的【发送至Media Encoder】按钮，如图10-26所示。

步骤 04 此时正在开启Media Encoder，如图10-27所示。

图 10-25

图 10-26

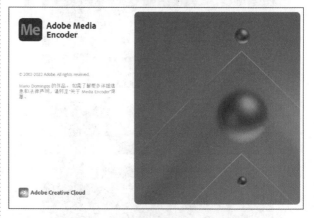

图 10-27

Part 01 渲染出MP4格式视频文件

步骤 01 打开的Media Encoder界面如图10-28所示。

步骤 02 单击进入【队列】面板，单击 ∨ 按钮，在下拉列表中选择H.264，如图10-29所示。

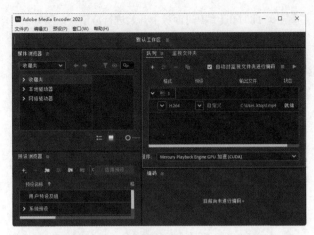

图 10-28

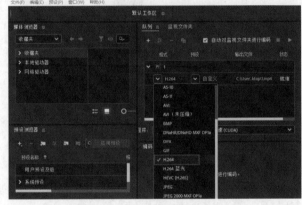

图 10-29

步骤 03 在弹出的【导出设置】窗口中单击【视频】，设置【目标比特率】为5、【最大比特率】为5，单击【确定】按钮，如图10-30所示。

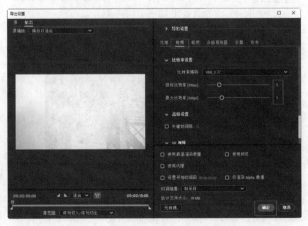

图 10-30

步骤 04 在【队列】面板中单击右上角的 ▶ （启动队列）按钮，如图10-31所示。

图 10-31

步骤 05 此时在【编码】面板中开始进行渲染，如图10-32所示。

图 10-32

步骤 06 渲染完成后，在设置的保存路径中即可查看刚刚渲染出的MP4格式视频文件，如图10-33所示。

图 10-33

Part 02　渲染出MP3格式音频文件

步骤 01 单击进入【队列】面板，单击 ∨ 按钮，在下拉列表中选择MP3，如图10-34所示。

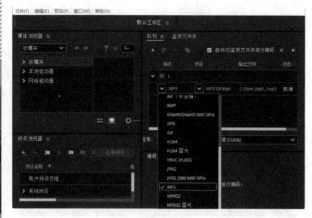

图 10-34

步骤 02 在弹出的【导出设置】窗口中展开【导出设置】，设置【格式】为MP3，【预设】为MP3 128kbps；单击【输出名称】后方的文件名，设置合适的名称及保存路径，单击【确定】按钮，如图10-35所示。

图 10-35

步骤 03 在【队列】面板中单击右上角的 ▶（启动队列）按钮，如图10-36所示。

图 10-36

步骤 04 此时在【编码】面板中开始进行渲染，如图10-37所示。

图 10-37

步骤 05 渲染完成后，在设置的保存路径中即可查看刚刚渲染出的MP3格式音频文件，如图10-38所示。

图 10-38

10.2.6 实例：输出超小体积视频

扫一扫，看视频

实例路径	Chapter 10　输出短视频→实例：输出超小体积视频

　　本实例主要学习如何输出超小体积的视频。实例效果如图10-39所示。

图 10-39

操作步骤

步骤 01 打开配套资源中的输出超小体积视频.prproj，如图10-40所示。

图 10-40

步骤 02 在菜单栏中执行【文件】→【导出】→【媒体】命令，或按快捷键Ctrl+M，打开【导出】窗口。

步骤 03 在弹出的【导出】窗口中设置合适的【文件名】和【位置】，设置【格式】为H.264。展开【视频】，在【比特率设置】选项中，设置【目标比特率】为1、【最大比特率】为1（这两个数值越小，最终渲染的文件越小）。下方显示出【估计文件大小】为1417KB，接着单击【导出】按钮，如图10-41所示。

图 10-41

步骤 04 此时将会弹出【编码01】对话框，显示渲染的进度条，如图10-42所示。

图 10-42

步骤 05 渲染完成后，在设置的保存路径中即可查看刚刚渲染出的01.mp4，如图10-43所示。

图 10-43

10.2.7　实例：输出GIF动态格式

扫一扫，看视频

实例路径	Chapter 10　输出短视频→实例：输出 GIF动态格式

　　本实例主要学习如何输出GIF动态格式。实例效果如图10-44所示。

图 10-44

操作步骤

步骤 01 打开配套资源中的输出GIF动态格式.prproj，如图10-45所示。

图 10-45

步骤 02 在菜单栏中执行【文件】→【导出】→【媒体】命令，或按快捷键Ctrl+M，打开【导出】窗口。

步骤 03 在弹出的【导出】窗口中设置合适的【文件名】和【位置】，设置【格式】为GIF。接着单击【导出】按钮，如图10-46所示。

图 10-46

步骤 04 此时将会弹出【编码01】对话框，显示渲染的进度条，如图10-47所示。

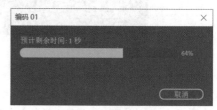

图 10-47

步骤 05 渲染完成后，在设置的保存路径中即可查看刚刚渲染出的GIF文件，如图10-48所示。

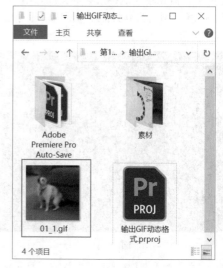

图 10-48

Premiere短视频制作教程（案例视频 全彩版）

短视频 综合实例应用篇

卡点美食短视频

我的厨房日记

| 实例路径 | Chapter 11 卡点美食短视频→卡点美食短视频 |

扫一扫，看视频

本实例使用标点制作卡点位置，使用【变换】效果制作照片卡点甩入效果，创建文字，并使用【双侧平推门】效果制作文字入场效果。实例效果如图11-1所示。

图 11-1

操作步骤

Part 01 制作卡点动画

步骤 01 执行【文件】→【新建】→【项目】命令，新建一个项目。接着执行【文件】→【导入】命令，导入全部素材，如图11-2所示。

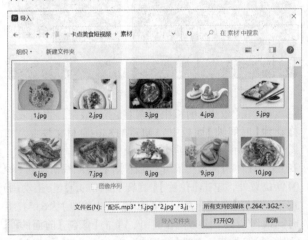

图 11-2

步骤 02 在【项目】面板中将1.jpg素材文件拖动到【时间轴】面板中的V1轨道上，此时在【项目】面板中自动生成与1.jpg素材文件等大的序列，如图11-3所示。此时画面效果如图11-4所示。

图 11-3   图 11-4

步骤 03 在【项目】面板中将配乐.mp3素材文件拖动到【时间轴】面板中的A1轨道上，如图11-5所示。将时间线滑动到9秒04帧位置处，选择A1轨道上的配乐.mp3素材文件，按快捷键Ctrl+K进行裁剪，如图11-6所示。

图 11-5   图 11-6

步骤 04 在【时间轴】面板中选择A1轨道时间线后方的配乐.mp3素材文件，按Delete键进行删除，如图11-7所示。按Space键聆听音乐，根据音乐的节奏按M键进行标记，如图11-8所示（在【时间轴】面板中不选择任何素材的情况下才可进行标记）。

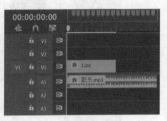

图 11-7   图 11-8

步骤 05 在【时间轴】面板中将1.jpg素材文件的结束时间向前拖动到第一个标记位置处，如图11-9所示。在【效果】面板中搜索【变换】效果，将该效果拖动到【时间轴】面板中V1轨道的1.jpg素材文件上，如图11-10所示。

图 11-9   图 11-10

步骤 06 在【时间轴】面板中单击1.jpg素材文件，在【效果控件】面板中展开【变换】，将时间线滑动到起始时间位置处，单击【位置】【旋转】前面的🕐（切换动画）按钮，设置【位置】为(-1066.0,640.0)，【旋转】为6.0°；将时间线滑动到2帧位置处，单击【倾斜】前面的🕐（切换动画）按钮，设置【位置】为(961.0,640.0)，【倾斜】为0.0°，【旋转】为0.0°；将时间线滑动到3帧位置处，设置【位置】为(1032.0,640.0)，【倾斜】为-4.0°，【旋转】为0.0°；将时间线滑动到5帧位置处，设置【倾斜】为5.0°，【旋转】为-6.0°；将时间线滑动到7帧位置处，设置【位置】为(960.0,640.0)，【倾斜】为0.0°，【旋转】为0.0°，如图11-11所示。滑动时间线，此时画面效果如图11-12所示。

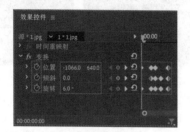

图 11-11

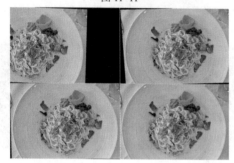

图 11-12

步骤 07 在【项目】面板中将2.jpg素材文件拖动到【时间轴】面板中V1轨道的1.jpg素材文件后方，如图11-13所示。在【时间轴】面板中将2.jpg素材文件的结束时间向前拖动到第二个标记位置处，如图11-14所示。

图 11-13

图 11-14

步骤 08 在【效果】面板中搜索【变换】效果，将该效果拖动到【时间轴】面板中V1轨道的2.jpg素材文件上，如

图11-15所示。在【时间轴】面板中单击2.jpg素材文件，在【效果控件】面板中展开【变换】，将时间线滑动到17帧位置处，单击【位置】【旋转】前面的🕐（切换动画）按钮，设置【位置】为(-1066.0,640.0)，【旋转】为6.0°；将时间线滑动到19帧位置处，单击【倾斜】前面的🕐（切换动画）按钮，设置【位置】为(961.0,640.0)，【倾斜】为0.0°，【旋转】为0.0°；将时间线滑动到20帧位置处，设置【位置】为(1032.0,640.0)，【倾斜】为-4.0°，【旋转】为0.0°；将时间线滑动到22帧位置处，设置【倾斜】为5.0°，【旋转】为-6.0°；将时间线滑动到24帧位置处，设置【位置】为(960.0,640.0)，【倾斜】为0.0°，【旋转】为0.0°，如图11-16所示。

图 11-15

图 11-16

步骤 09 在【项目】面板中将3.jpg素材文件拖动到【时间轴】面板中V1轨道的2.jpg素材文件后方，如图11-17所示。在【时间轴】面板中将3.jpg素材文件的结束时间向前拖动到第三个标记位置处，如图11-18所示。

图 11-17

图 11-18

步骤 10 在【效果】面板中搜索【变换】效果，将该效果拖动到【时间轴】面板中V1轨道的3.jpg素材文件上，如图11-19所示。在【时间轴】面板中单击3.jpg素材文件，在【效果控件】面板中展开【变换】，将时间线滑动到1秒04帧位置处，单击【位置】【旋转】前面的🕐（切换动画）按钮，设置【位置】为(-1066.0,640.0)，【旋转】为6.0°；将时间线滑动到1秒06帧位置处，单击【倾斜】前面的🕐（切换动画）按钮，设置【位置】为(961.0,640.0)，【倾斜】为0.0°，【旋转】为0.0°；将时间线滑动到1秒07帧位置处，设置【位置】为(1032.0,640.0)，【倾斜】为-4.0°，【旋转】为0.0°；将时间线滑动到1秒09帧位置处，设置【倾斜】为5.0°，【旋转】为-6.0°；将时间线滑动到1秒11帧位置处，

设置【位置】为(960.0,640.0),【倾斜】为0.0°,【旋转】为0.0°,如图11-20所示。

图 11-19　　　　　　图 11-20

步骤 11 滑动时间线,此时画面效果如图11-21所示。接着使用同样的方法设置剩余素材文件的结束时间依次与标记位置相同,并使用【变换】效果创建关键帧为剩余素材文件在合适的时间制作滑动进入的动画效果,如图11-22所示。

图 11-21

图 11-22

Part 02　添加文字效果

步骤 01 将时间线滑动到起始时间位置处,在【工具】面板中单击 T (文字工具)按钮,在【节目监视器】面板中合适的位置输入合适的内容,如图11-23所示。在【效果

控件】面板中展开【文本】→【源文本】,设置合适的【字体系列】和【字体样式】,设置【字体大小】为184,【填充】为白色;勾选【描边】复选框,设置【描边颜色】为黑色,【描边宽度】为7.0;展开【变换】,设置【位置】为(379.0,676.2),如图11-24所示。

图 11-23　　　　　　图 11-24

步骤 02 再次在【工具】面板中单击 T (文字工具)按钮,在【节目监视器】面板中合适的位置输入合适的内容,如图11-25所示。在【效果控件】面板中展开【文本】→【源文本】,设置合适的【字体系列】和【字体样式】,设置【字体大小】为45,【字距调整】为17,【填充】为蓝色;勾选【描边】复选框,设置【描边颜色】为黑色,【描边宽度】为2.0;展开【变换】,设置【位置】为(455.1,463.9),如图11-26所示。

图 11-25　　　　　　图 11-26

步骤 03 再次在【工具】面板中单击 T (文字工具)按钮,在【节目监视器】面板中合适的位置输入合适的内容,如图11-27所示。在【效果控件】面板中展开【文本】→【源文本】,设置合适的【字体系列】和【字体样式】,设置【字体大小】为99,【填充】为白色;勾选【描边】复选框,设置【描边颜色】为黑色,【描边宽度】为3.0;展开【变换】,

设置【位置】为(653.1, 809.0), 如图11-28所示。

图 11-27   图 11-28

步骤 04 在【时间轴】面板中设置V2轨道上的文字图层的结束时间为1秒05帧,如图11-29所示。在【效果】面板中搜索【双侧平推门】效果,将该效果拖动到【时间轴】面板中V2轨道上文字图层的起始时间位置处,如图11-30所示。

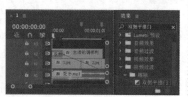

图 11-29   图 11-30

步骤 05 在【时间轴】面板中单击V2轨道上文字图层上的效果,在【效果控件】面板中设置【持续时间】为6帧,如图11-31所示。

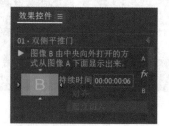

图 11-31

本实例制作完成,滑动时间线查看画面效果,如图11-32所示。

图 11-32

Vlog记录

扫一扫，看视频

实例路径　Chapter 12　Vlog记录→Vlog记录

本实例使用【文字工具】创建文字，使用【轨道遮罩键】【方向模糊】【裁剪】等效果制作画面效果，以制作Vlog视频。实例效果如图12-1所示。

图 12-1

操作步骤

Part 01　剪辑视频并制作裁剪动画

步骤 01 执行【文件】→【新建】→【项目】命令，新建一个项目。接着执行【文件】→【导入】命令，导入全部素材，如图12-2所示。在【项目】面板中将01.mp4素材文件拖动到【时间轴】面板中的V1轨道上，此时在【项目】面板中自动生成一个与01.mp4素材文件等大的序列，如图12-3所示。

图 12-2

图 12-3

步骤 02 滑动时间线，此时画面效果如图12-4所示。接着在【项目】面板中将02.mp4~05.mp4素材文件拖动到【时间轴】面板中V1轨道的01.mp4素材文件后方，如图12-5所示。

图 12-4

图 12-5

步骤 03 在【时间轴】面板中分别在2秒15帧、4秒19帧、6秒15帧、8秒15帧、10秒14帧位置处，依次按W键进行自动波纹裁剪，如图12-6所示。

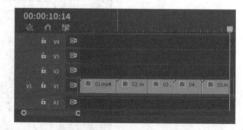

图 12-6

步骤 04 在【时间轴】面板中选择V1轨道上的01.mp4素材文件，按住Alt键垂直向上拖动到V2轨道上，如图12-7所示。在【效果】面板中搜索【裁剪】效果，将该效果拖动到【时间轴】面板中V1轨道上的01.mp4素材文件上，如图12-8所示。

Premiere短视频制作教程（案例视频 全彩版）

图 12-7　　　　　　　　　图 12-8

步骤 05 在【时间轴】面板中选择V1轨道上的01.mp4素材文件，在【效果控件】面板中展开【裁剪】，将时间线滑动到起始时间位置处，分别单击【顶部】和【底部】前面的 ⏱ (切换动画)按钮，设置【顶部】为0.0%，【底部】为0.0%；将时间线滑动到1秒18帧位置处，设置【顶部】为40.0%，【底部】为20.0%，如图12-9所示。

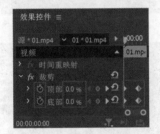

图 12-9

Part 02　制作文字特效及其他部分

步骤 01 创建文字。将时间线滑动到13帧位置处，在【工具】面板中单击 T (文字工具)按钮，接着在【节目监视器】面板中合适的位置单击并输入合适的文字，如图12-10所示。在【时间轴】面板中选择V3轨道上的Hacienda文字图层，在【效果控件】面板中展开【文本】→【源文本】，设置合适的【字体系列】和【字体样式】，设置【字体大小】为680，🔤 (字距调整)为40，单击 T (仿粗体)按钮，设置【填充】为白色；展开【变换】，设置【位置】为(480.7,853.2)，如图12-11所示。

图 12-10

图 12-11

步骤 02 在【时间轴】面板中设置V3轨道上的文字图层的结束时间为2秒15帧，如图12-12所示。在【效果】面板中搜索【轨道遮罩键】效果，将该效果拖动到【时间轴】面板中V2轨道上的01.mp4素材文件上，如图12-13所示。

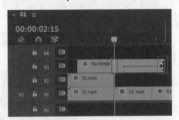

图 12-12

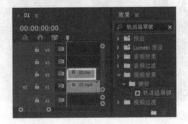

图 12-13

步骤 03 在【时间轴】面板中选择V2轨道上的01.mp4素材文件，在【效果控件】面板中展开【轨道遮罩键】，设置【遮罩】为视频3，如图12-14所示。滑动时间线，此时画面效果如图12-15所示。

图 12-14

图 12-15

步骤 04 创建文字。将时间线滑动到2秒15帧位置处，在【工具】面板中单击 **T**（文字工具）按钮，接着在【节目监视器】面板中合适的位置单击并输入合适的文字，如图12-16所示。在【时间轴】面板中选择V2轨道上的The farm文字图层，在【效果控件】面板中展开【文本】→【源文本】，设置合适的【字体系列】和【字体样式】，设置【字体大小】为450，**VA**（字距调整）为40，单击 **T**（仿粗体）按钮，设置【填充】为白色，如图12-17所示。

图 12-16   图 12-17

步骤 05 在【时间轴】面板中设置V2轨道上的The farm文字图层的结束时间为4秒08帧，如图12-18所示。在【时间轴】面板中选择V2轨道上的The farm文字图层，按住Alt键垂直向上拖动到V3轨道上，如图12-19所示。

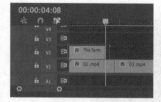

图 12-18   图 12-19

步骤 06 在【时间轴】面板中选择V2轨道上的The farm文字图层，在【效果控件】面板中展开【不透明度】，单击 **□**（创建4点多边形蒙版）按钮；展开【蒙版（1）】，单击【蒙版路径】前面的 ⏱（切换动画）按钮，将时间线滑动到3秒位置处，设置【蒙版羽化】为15.0，如图12-20所示。在【节目监视器】面板中将蒙版调整到合适的位置与大小，如图12-21所示。

图 12-20

图 12-21

步骤 07 将时间线滑动到3秒10帧位置处，在【节目监视器】面板中将蒙版调整到合适的位置与大小，如图12-22所示。将时间线滑动到3秒15帧位置处，在【节目监视器】面板中将蒙版调整到合适的位置与大小，如图12-23所示。

图 12-22

图 12-23

步骤 08 将时间线滑动到3秒20帧位置处，在【节目监视器】面板中将蒙版调整到合适的位置与大小，如图12-24所示。在【时间轴】面板中选择V3轨道上的The farm文字图层，在【效果控件】面板中展开【文本】→【源文本】，取消勾选【填充】复选框，勾选【描边】复选框，设置【描边大小】为10.0，如图12-25所示。

图 12-24

图 12-25

步骤 09 在【时间轴】面板中选择V3轨道上的The farm文字图层，将时间线滑动到2秒20帧位置处，在【效果控件】面板中展开【不透明度】，单击【不透明度】前面的 (切换动画)按钮，设置【不透明度】为0.0%；将时间线滑动到3秒03帧位置处，设置【不透明度】为100.0%，如图12-26所示。滑动时间线，此时画面效果如图12-27所示。

图 12-26

图 12-27

步骤 10 将时间线滑动到5秒01帧位置处，在【工具】面板中单击 (文字工具)按钮，接着在【节目监视器】面板中合适的位置单击并输入合适的文字，如图12-28所示。在【时间轴】面板中选择V2轨道上的Love never dies.文字图层，在【效果控件】面板中展开【文本】→【源文本】，设置合适的【字体系列】和【字体样式】，设置【字体大小】为450， (字距调整)为40，单击 (仿粗体)按钮，设置【填充】为白色，如图12-29所示。

图 12-28

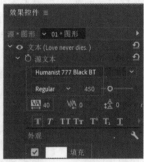

图 12-29

步骤 11 在【时间轴】面板中设置V2轨道上Love never dies.文字图层的结束时间为6秒06帧，如图12-30所示。在【时间轴】面板中选择V2轨道上的Love never dies.文字图层，按住Alt键垂直向上拖动到V3轨道上，如图12-31所示。

图 12-30 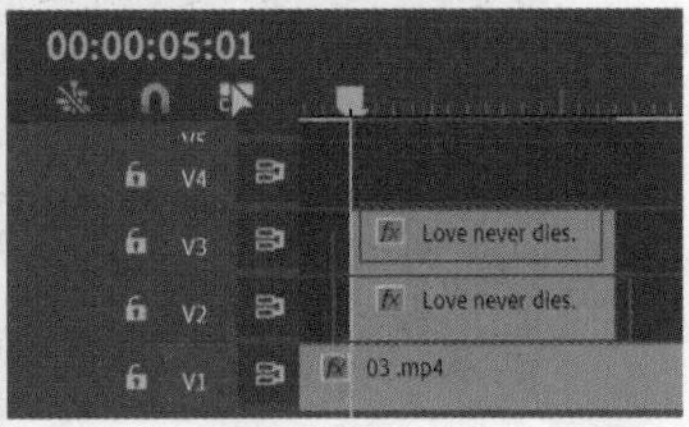　　　　　　图 12-31

171

步骤 12 在【时间轴】面板中选择V3轨道上的Love never dies.文字图层，在【效果控件】面板中展开【文本】→【源文本】，取消勾选【填充】复选框，勾选【描边】复选框，设置【描边大小】为1.0，如图12-32所示。在【时间轴】面板中选择V3轨道上的Love never dies.文字图层，按住Alt键垂直向上拖动到V4和V5轨道上，如图12-33所示。

图 12-32　　　　　　图 12-33

步骤 13 在【时间轴】面板中选择V2轨道上的Love never dies.文字图层，将时间线滑动到5秒03帧位置处，在【效果控件】面板中展开【文本】→【变换】，单击【位置】前面的⏱(切换动画)按钮，设置【位置】为(1040.0,845.2)；将时间线滑动到5秒05帧位置处，设置【位置】为(1040.0,845.2)；将时间线滑动到5秒09帧位置处，设置【位置】为(1040.0,1153.2)；将时间线滑动到5秒12帧位置处，设置【位置】为(1040.0,1153.2)；将时间线滑动到5秒15帧位置处，设置【位置】为(1040.0,1153.2)；将时间线滑动到5秒18帧位置处，设置【位置】为(1040.0,1521.2)；将时间线滑动到5秒21帧位置处，设置【位置】为(1040.0,1402.2)；将时间线滑动到6秒位置处，设置【位置】为(1040.0,1155.2)；将时间线滑动到6秒01帧位置处，设置【位置】为(1040.0,1176.2)，如图12-34所示。

图 12-34

步骤 14 将时间线滑动到5秒01帧位置处，在【效果控件】面板中展开【不透明度】，单击【不透明度】前面的⏱(切换动画)按钮，设置【不透明度】为100.0%；将时间线滑动到5秒21帧位置处，设置【不透明度】为100.0%；将时间线滑动到5秒22帧位置处，设置【不透明度】为0.0%；将时间线滑动到6秒01帧位置处，设置【不透明度】为0.0%，如图12-35所示。在【时间轴】面板中选择V4轨道上的Love never dies.文字图层，在【效果控件】面板中展开【运动】，设置【位置】为(2048.0,812.0)；将时间线滑动到5秒16帧位置处，单击【不透明度】前面的⏱(切换动画)按钮，设置【不透明度】为0.0%；将时间线滑动到5秒20帧位置处，设置【不透明度】为100.0%，如图12-36所示。

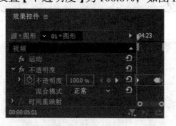

图 12-35

图 12-36

步骤 15 在【时间轴】面板中单击选择V5轨道上的Love never dies.文字图层，在【效果控件】面板中展开【文本】→【变换】，设置【位置】为(1040.0,1441.2)，如图12-37所示。将时间线滑动到5秒17帧位置处，在【效果控件】面板中展开【不透明度】，单击【不透明度】前面的⏱(切换动画)按钮，设置【不透明度】为0.0%；将时间线滑动到6秒01帧位置处，设置【不透明度】为100.0%，如图12-38所示。

图 12-37　　　　　　图 12-38

步骤 16 滑动时间线，此时画面效果如图12-39所示。在【项目】面板中的空白位置右击，在弹出的快捷菜单中执行【新建项目】→【调整图层】命令，如图12-40所示。

图 12-39

图 12-40

步骤 17 在弹出的【调整图层】对话框中单击【确定】按钮。在【项目】面板中将调整图层拖动到【时间轴】面板中V2轨道的6秒06帧位置处，如图12-41所示。在【时间轴】面板中设置V2轨道上的调整图层的结束时间为8秒15帧，如图12-42所示。

图 12-41　　　　　　　　图 12-42

步骤 18 在【效果】面板中搜索【Brightness & Contrast】效果，将该效果拖动到【时间轴】面板中V2轨道的调整图层上，如图12-43所示。在【时间轴】面板中选择V2轨道上的调整图层，在【效果控件】面板中展开【Brightness & Contrast】，设置【亮度】为15.0，【对比度】为15.0，如图12-44所示。

图 12-43　　　　　　　　图 12-44

步骤 19 将时间线滑动到6秒21帧位置处，在【工具】面板中单击 T（文字工具）按钮，接着在【节目监视器】面板中合适的位置单击并输入合适的文字，如图12-45所示。在【时间轴】面板中选择V3轨道上的Love is blind. 文字图层，在【效果控件】面板中展开【文本】→【源文本】，设置合适的【字体系列】和【字体样式】，设置【字体大小】为680，VA（字距调整）为40，单击 T（仿粗体）按钮，设置【填充】为白色，如图12-46所示。

图 12-45　　　　　　　　图 12-46

步骤 20 在【时间轴】面板中设置V3轨道上Love is blind.文字图层的结束时间为8秒14帧，如图12-47所示。将时间线滑动到7秒01帧位置处，在【效果控件】面板中展开【不透明度】，单击【不透明度】前面的 （切换动画）按钮，设置【不透明度】为100.0%；将时间线滑动到7秒08帧位置处，设置【不透明度】为0.0%；将时间线滑动到7秒13帧位置处，设置【不透明度】为100.0%；将时间线滑动到7秒18帧位置处，设置【不透明度】为0.0%，如图12-48所示。

图 12-47　　　　　　　　图 12-48

步骤 21 将时间线滑动到9秒16帧位置处，在【工具】面板中单击 T（文字工具）按钮，接着在【节目监视器】面板中合适的位置单击并输入合适的文字，如图12-49所示。在【时间轴】面板中选择V2轨道上的My heart is with you 文字图层，在【效果控件】面板中展开【文本】→【源文本】，设置合适的【字体系列】和【字体样式】，设置【字体大小】为300，VA（字距调整）为40，单击 T（仿粗体）按钮，设置【填充】为白色，如图12-50所示。

图 12-54

图 12-49　　　　　图 12-50

步骤 22 在【时间轴】面板中设置V2轨道上My heart is with you文字图层的结束时间为10秒14帧，如图12-51所示。单击选择V2轨道上的My heart is with you文字图层，按住Alt键垂直向上拖动到V3轨道上，如图12-52所示。

图 12-51　　　　　图 12-52

步骤 23 在【时间轴】面板中选择V2轨道上的My heart is with you文字图层，在【效果控件】面板中展开【不透明度】，单击（创建4点多边形蒙版）按钮；展开【蒙版（1）】，设置【蒙版羽化】为35.0，如图12-53所示。在【节目监视器】面板中将蒙版调整到合适的位置与大小，如图12-54所示。

图 12-53

步骤 24 在【时间轴】面板中选择V2轨道上的My heart is with you文字图层，在【效果控件】面板中展开【文本】→【源文本】，取消勾选【填充】复选框，勾选【描边】复选框，设置【描边大小】为10.0，如图12-55所示。在【项目】面板中将调整图层拖动到【时间轴】面板中V4轨道上的2秒02帧位置处，并设置结束时间为2秒20帧，如图12-56所示。

图 12-55

图 12-56

步骤 25 在【效果】面板中搜索【方向模糊】效果，将该效果拖动到【时间轴】面板中V4轨道的调整图层上，如图12-57所示。将时间线滑动到2秒08帧位置处，在【效果控件】面板中展开【方向模糊】，单击【模糊长度】前面的（切换动画）按钮，设置【模糊长度】为0.0；将时间线滑动到2秒15帧位置处，设置【模糊长度】为100.0；将时间线滑动到2秒20帧位置处，设置【模糊长度】为0.0，如图12-58所示。

图 12-57

图 12-58

步骤 26 在【项目】面板中将调整图层拖动到【时间轴】面板中V4轨道上4秒01帧位置处，并设置结束时间为5秒01帧，如图12-59所示。在【效果】面板中搜索【方向模糊】效果，将该效果拖动到【时间轴】面板中V4轨道上4秒01帧位置处的调整图层上，如图12-60所示。

图 12-59

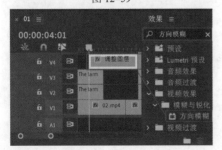

图 12-60

步骤 27 将时间线滑动到4秒04帧位置处，在【效果控件】面板中展开【方向模糊】，单击【模糊长度】前面的（切换动画）按钮，设置【模糊长度】为0.0；将时间线滑动到4秒11帧位置处，设置【模糊长度】为100.0；将时间线滑动到

4秒15帧位置处，设置【模糊长度】为0.0，如图12-61所示。滑动时间线，此时画面效果如图12-62所示。

图 12-61

图 12-62

步骤 28 在【效果】面板中搜索【交叉溶解】效果，将该效果拖动到【时间轴】面板中V1轨道的05.mp4素材文件的起始时间处，如图12-63所示。在【项目】面板中将调整图层拖动到【时间轴】面板中的V6轨道上并设置结束时间为10秒14帧，如图12-64所示。

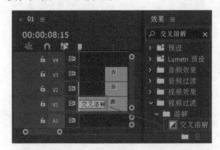

图 12-63

图 12-64

步骤 29 在【效果】面板中搜索【Lumetri 颜色】效果，将该效果拖动到【时间轴】面板中V6轨道的调整图层上，如图12-65所示。在【效果控件】面板中展开【Lumetri 颜色】→【基本校正】→【颜色】，设置【色温】为15.0；展开【灯光】，设置【曝光】为-0.8，【对比度】为23.0，【阴影】为23.0，如图12-66所示。

图 12-65　　　　　　　　图 12-66

步骤 30 在【项目】面板中将配乐.mp3素材文件拖动到【时间轴】面板中的A1轨道上并设置结束时间为10秒14帧，如图12-67所示。

图 12-67

本实例制作完成，滑动时间线查看画面效果，如图12-68所示。

图 12-68

Chapter
13
第13章

短视频人物出场动画

Dancer:
Evangeline

| 实例路径 | Chapter 13　短视频人物出场动画→短视频人物出场动画 |

本实例使用【文字工具】创建文字，使用【时间重映射】命令调整视频的速率效果，使用【帧定格】制作定格画面效果，使用【自由绘制贝塞尔曲线】制作蒙版效果，使用【裁剪】【高斯模糊】【油漆桶】【四色渐变】等效果制作画面效果。通过本实例的学习可以学会如何制作视频定格效果与蒙版等。实例效果如图13-1所示。

图13-1

操作步骤

Part 01　制作颜色遮罩动画

步骤 01 执行【文件】→【新建】→【项目】命令，新建一个项目。在【项目】面板的空白处右击，执行【新建项目】→【序列】命令，在弹出的【新建序列】窗口中单击【设置】按钮，设置【编辑模式】为自定义，【时基】为29.97帧/秒，【帧大小】为1920，【水平】为1080，【像素长宽比】为方形像素（1.0）。执行【文件】→【导入】命令，导入全部素材，如图13-2所示。

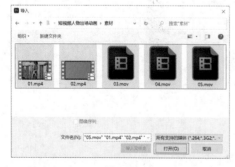

图13-2

步骤 02 将【项目】面板中的01.mp4素材文件拖动到【时

间轴】面板中的V1轨道上，在弹出的【剪辑不匹配警告】对话框中单击【保持现有设置】按钮，如图13-3所示。滑动时间线，此时画面效果如图13-4所示。

图13-3

图13-4

步骤 03 在【时间轴】面板中按Alt键单击A1轨道上的01.mp4素材文件的音频文件，按Delete键进行删除，如图13-5所示。将时间线滑动到3秒位置处，在【时间轴】面板中选择V1轨道上的01.mp4素材文件，右击，在弹出的快捷菜单中执行【添加帧定格】命令，如图13-6所示。将3秒后方的01.mp4素材文件垂直拖动到V2轨道上。

 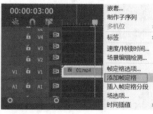

图13-5　　　　　　　　　　图13-6

步骤 04 将【项目】面板中的02.mp4素材文件拖动到【时间轴】面板中V1轨道的3秒位置处，如图13-7所示。在【时间轴】面板中按Alt键单击A1轨道上的02.mp4素材文件的音频文件，按Delete键进行删除，如图13-8所示。

图13-7　　　　　　　　　　图13-8

步骤 05 在【时间轴】面板中选择V1轨道上的02.mp4素材文件，右击，在弹出的快捷菜单中执行【速度/持续时间】命令，如图13-9所示。在弹出的【剪辑速度/持续时间】对话框中，设置【速度】为80%，接着单击【确定】按钮，如图13-10所示。

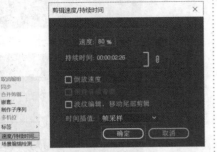

图 13-9　　　　　　　图 13-10

步骤 06 在【项目】面板的空白处右击，在弹出的快捷菜单中执行【新建项目】→【颜色遮罩】命令，如图13-11所示。在弹出的【新建颜色遮罩】对话框中单击【确定】按钮，弹出【拾色器】窗口，设置【颜色】为蓝色，接着单击【确定】按钮，如图13-12所示。

图 13-11　　　　　　　图 13-12

步骤 07 在弹出的【选择名称】对话框中设置【选择新遮罩的名称】为蓝色，接着单击【确定】按钮，如图13-13所示。将【项目】面板中的【蓝色】素材拖动到【时间轴】面板中的V2轨道上，如图13-14所示。

图 13-13　　　　　　　图 13-14

步骤 08 在【时间轴】面板中选择V2轨道上的【蓝色】素材文件，右击，在弹出的快捷菜单中执行【嵌套】命令，如图13-15所示。在弹出的【嵌套序列名称】对话框中设置【名称】为嵌套序列01，接着单击【确定】按钮，如

图13-16所示。

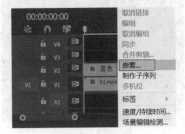

图 13-15

图 13-16

步骤 09 在【时间轴】面板中选择V2轨道上的嵌套序列01，在【效果控件】面板中展开【运动】，将时间线滑动到20帧位置处，单击【位置】前面的（切换动画）按钮，设置【位置】为(960.0,540.0)；将时间线滑动到1秒02帧位置处，设置【位置】为(960.0,-659.0)，如图13-17所示。

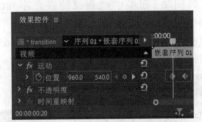

图 13-17

步骤 10 在【效果控件】面板中框选【位置】中的关键帧，右击，在弹出的快捷菜单中执行【临时插值】→【贝塞尔曲线】命令，如图13-18所示。展开【位置】，通过调整操纵杆设置合适的速率，如图13-19所示。

图 13-18

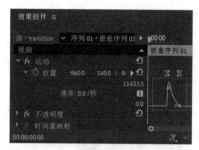

图 13-19

步骤 11 滑动时间线，此时画面效果如图 13-20 所示。

图 13-20

步骤 12 在【效果】面板中搜索【裁剪】效果，将该效果拖动到【时间轴】面板中 V2 轨道的嵌套序列 01 上，如图 13-21 所示。选择 V2 轨道上的嵌套序列 01，在【效果控件】面板中展开【裁剪】，设置【左侧】为 65.0%，如图 13-22 所示。

图 13-21   图 13-22

步骤 13 在【效果】面板中搜索【高斯模糊】效果，将该效果拖动到【时间轴】面板中 V2 轨道的嵌套序列 01 上，如图 13-23 所示。选择 V2 轨道上的嵌套序列 01，在【效果控件】面板中展开【高斯模糊】，将时间线滑动到起始时间位置处，单击【模糊度】前面的 ◎（切换动画）按钮，设置【模糊度】为 50.0；将时间线滑动到 13 帧位置处，设置【模糊度】为 0.0，【模糊尺寸】为垂直，如图 13-24 所示。

图 13-23

图 13-24

步骤 14 使用同样的方法分别在 V3 和 V4 轨道上制作向上的过渡效果。滑动时间线，此时画面效果如图 13-25 所示。

图 13-25

Part 02　制作人物出场特效

步骤 01 在【时间轴】面板中选择 V2 轨道上的 01.mp4 素材文件，在【效果控件】面板中展开【不透明度】，单击 ✍（自由绘制贝塞尔曲线）按钮，展开【蒙版（1）】，设置【蒙版羽化】为 2.0，如图 13-26 所示。在【节目监视器】面板中围绕人物绘制一个蒙版，如图 13-27 所示。

图 13-26

图 13-27

步骤 02 在【时间轴】面板中右击01.mp4素材文件，在弹出的快捷菜单中执行【嵌套】命令，如图13-28所示。在【时间轴】面板中选择V2轨道上的嵌套序列04，在【效果控件】面板中展开【运动】。将时间线滑动到3秒位置处，单击【位置】前面的 🕐（切换动画）按钮，设置【位置】为(960.0,540.0)；将时间线滑动到3秒10帧位置处，设置【位置】为(369.0,540.0)，如图13-29所示。

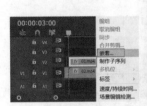

图 13-28   图 13-29

步骤 03 在【效果】面板中搜索【油漆桶】效果，将该效果拖动到【时间轴】面板中V2轨道的嵌套序列04上，如图13-30所示。在【时间轴】面板中选择V2轨道上的嵌套序列04，在【效果控件】面板中展开【油漆桶】，设置【填充选择器】为Alpha通道，【描边】为描边，【颜色】为白色，如图13-31所示。

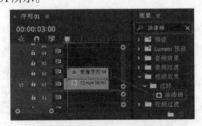

图 13-30

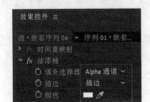

图 13-31

步骤 04 将时间线滑动到5秒26帧位置处，在【时间轴】面板中选择V2轨道上的嵌套序列04，按W键波纹删除素材后半部分，如图13-32所示。滑动时间线，此时画面效果如图13-33所示。

图 13-32   图 13-33

步骤 05 在【项目】面板的空白处右击，在弹出的快捷菜单中执行【新建项目】→【调整图层】命令，如图13-34所示。在弹出的【调整图层】对话框中单击【确定】按钮。在【项目】面板中将调整图层拖动到【时间轴】面板中V3轨道上的3秒15帧位置处，如图13-35所示。

图 13-34

图 13-35

步骤 06 将时间线滑动到4秒16帧位置处，在【时间轴】面板中单击V3轨道上的调整图层，只激活V3轨道，并取消【同步锁定】，按W键波纹删除素材后半部分，如图13-36所示。在【效果】面板中搜索【变换】效果，将该效果拖动到【时间轴】面板中V3轨道的调整图层上，如图13-37所示。

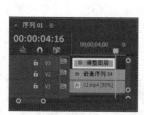

图 13-36　　　　　　　　　图 13-37

图 13-42

步骤 07 在【时间轴】面板中选择V3轨道上的调整图层，在【效果控件】面板中展开【变换】，单击 ■（创建4点多边形蒙版）按钮；展开【蒙版（1）】，设置【蒙版羽化】为0.0，【蒙版扩展】为281.0，如图13-38所示。在【节目监视器】面板中将蒙版调整到合适的位置与大小，如图13-39所示。

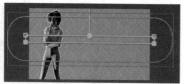

图 13-38　　　　　　　　　图 13-39

步骤 08 在【效果控件】面板中展开【变换】，单击 ■（创建4点多边形蒙版）按钮；展开【蒙版（2）】，设置【蒙版羽化】为0.0，如图13-40所示。在【节目监视器】面板中将蒙版调整到合适的位置与大小，如图13-41所示。

图 13-40　　　　　　　　　图 13-41

步骤 09 单击【位置】前面的 ◉（切换动画）按钮，将时间线滑动到3秒17帧位置处，设置【位置】为(1144.0,540.0)；将时间线滑动到3秒19帧位置处，设置【位置】为(960.0,540.0)；将时间线滑动到3秒23帧位置处，设置【位置】为(815.0,540.0)；将时间线滑动到3秒26帧位置处，设置【位置】为(960.0,540.0)，如图13-42所示。在【效果控件】面板中框选【位置】中的所有关键帧，右击，在弹出的快捷菜单中执行【临时插值】→【定格】命令，如图13-43所示。

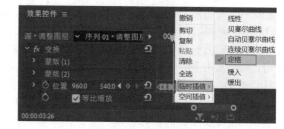

图 13-43

步骤 10 滑动时间线，此时画面效果如图13-44所示。

图 13-44

步骤 11 在【效果】面板中搜索【偏移】效果，将该效果拖动到【时间轴】面板中V3轨道的调整图层上，如图13-45所示。在【时间轴】面板中选择V3轨道上的调整图层，在【效果控件】面板中展开【偏移】，将时间线滑动到3秒15帧位置处，单击【将中心移位至】前面的 ◉（切换动画）按钮，设置【将中心移位至】为(960.0,540.0)；将时间线滑动到3秒29帧位置处，设置【将中心移位至】为(4800.0,540.0)，如图13-46所示。

步骤 12 在【效果控件】面板中框选【将中心移位至】中的所有关键帧，右击，在弹出的快捷菜单中执行【临时插值】→【贝塞尔曲线】命令，如图13-47所示。调整操纵杆制作合适的贝塞尔曲线，如图13-48所示。

Premiere短视频制作教程（案例视频 全彩版）

182

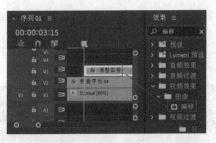

图 13-45

图 13-46

图 13-47

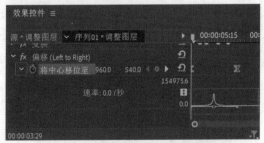

图 13-48

步骤 13 滑动时间线，此时画面效果如图 13-49 所示。

图 13-49

步骤 14 在【效果】面板中搜索【方向模糊】效果，将该效果拖动到【时间轴】面板中 V3 轨道的调整图层上，如图 13-50 所示。在【时间轴】面板中选择 V3 轨道上的调整图层，在【效果控件】面板中展开【方向模糊】，设置【方向】为 90.0°；将时间线滑动到 3 秒 15 帧位置处，单击【模糊长度】前面的 🕐（切换动画）按钮，设置【模糊长度】为 0.0；将时间线滑动到 3 秒 22 帧位置处，设置【模糊长度】为 150.0；将时间线滑动到 3 秒 29 帧位置处，设置【模糊长度】为 0.0，如图 13-51 所示。

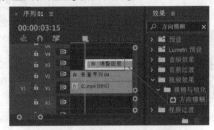

图 13-50

图 13-51

步骤 15 在【效果控件】面板中分别选择【模糊长度】中的 3 秒 15 帧、3 秒 29 帧处的关键帧，右击，在弹出的快捷菜单中执行【贝塞尔曲线】命令，如图 13-52 所示。调整操纵杆制作合适的贝塞尔曲线，如图 13-53 所示。

图 13-52

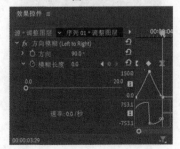

图 13-53

步骤16 将时间线滑动到4秒16帧位置处，在【时间轴】面板中选择V3轨道上的调整图层，按W键波纹删除素材后半部分，如图13-54所示。滑动时间线，此时画面效果如图13-55所示。

图 13-54　　　　　　　　图 13-55

步骤17 将时间线滑动到4秒20帧位置处，在【工具】面板中单击 T（文字工具）按钮，接着在【节目监视器】面板中合适的位置单击并输入合适的文字，如图13-56所示。在【时间轴】面板中选择V3轨道上的文字图层，在【效果控件】面板中展开【文本】→【源文本】，设置合适的【字体系列】和【字体样式】，设置【字体大小】为180，VA（字距调整）为50，罡（行距）为-50，【填充】为白色；展开【变换】，设置【位置】为(673.7,467.9)，如图13-57所示。

图 13-56

图 13-57

步骤18 展开【运动】，设置【位置】为(960.0,615.0)，如图13-58所示。将时间线滑动到5秒26帧位置处，在【时间轴】面板中选择V3轨道上的文字图层，按W键波纹删除素材后半部分，如图13-59所示。

图 13-58　　　　　　　　图 13-59

步骤19 此时文本效果如图13-60所示。

图 13-60

步骤20 在【项目】面板中将03.mov素材文件拖动到【时间轴】面板中V3轨道上的2秒位置处，如图13-61所示。在【效果】面板中搜索【四色渐变】效果，将该效果拖动到【时间轴】面板中V3轨道的03.mov素材文件上，如图13-62所示。

图 13-61

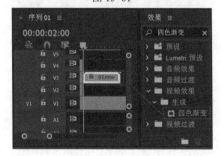

图 13-62

步骤 21 在【时间轴】面板中选择03.mov素材文件，在【效果控件】面板中展开【四色渐变】→【位置和颜色】，设置【点1】为(-434.8,122.2)，【颜色1】为粉色，【点2】为(1700.2,97.7)，【颜色2】为橘红色，【点3】为(180.8,982.3)，【颜色3】为蓝色，如图13-63所示。滑动时间线，此时画面效果如图13-64所示。

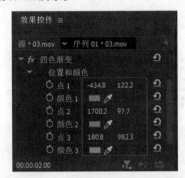

图 13-63

图 13-64

步骤 22 在【项目】面板中将04.mov、05.mov素材文件分别拖动到【时间轴】面板中V4、V5轨道上的4秒10帧位置处，如图13-65所示。

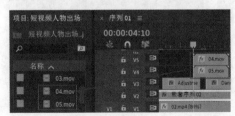

图 13-65

步骤 23 在【时间轴】面板中选择05.mov素材文件，在【效果控件】面板中展开【运动】，设置【缩放】为60.0，如图13-66所示。在【时间轴】面板中选择04.mov素材文件，在【效果控件】面板中展开【运动】，设置【缩放】为60.0，如图13-67所示。

图 13-66　　　　　　　图 13-67

本实例制作完成，滑动时间线查看画面效果，如图13-68所示。

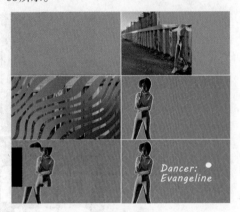

图 13-68

时尚潮流感短视频片头

本实例使用【文字工具】创建文字，使用【时间重映射】命令调整视频的速率效果，使用【裁剪】【偏移】【方向模糊】效果制作画面效果。创建关键帧，使用【贝塞尔曲线】等命令制作画面效果。通过本实例可以学习如何任意调整视频的播放速度，使用多种效果制作快闪时尚视频。实例效果如图14-1所示。

扫一扫，看视频

图 14-1

操作步骤

Part 01　制作变速动画

步骤 01 执行【文件】→【新建】→【项目】命令，新建一个项目。在【项目】面板的空白处右击，执行【新建项目】→【序列】命令。在弹出的【新建序列】窗口中单击【设置】按钮，设置【编辑模式】为自定义，【时基】为29.97帧/秒，【帧大小】为1920，【水平】为1080，【像素长宽比】为方形像素（1.0）。执行【文件】→【导入】命令，导入全部素材，如图14-2所示。

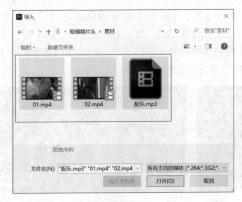

图 14-2

步骤 02 将【项目】面板中的01.mp4素材文件拖动到【时间轴】面板中的V1轨道上，如图14-3所示。在弹出的【剪辑不匹配警告】对话框中单击【保持现有设置】按钮。滑动时间线，此时画面效果如图14-4所示。

图 14-3

图 14-4

步骤 03 在【时间轴】面板中按Alt键单击A1轨道上的01.mp4素材文件的音频文件，按Delete键进行删除，如图14-5所示。

步骤 04 在【时间轴】面板中右击V1轨道上的01.mp4素材文件上的 匠（效果属性）按钮，在弹出的快捷菜单中执行【时间重映射】→【速度】命令，如图14-6所示。

图 14-5　　　　　图 14-6

步骤 05 在【时间轴】面板中双击V1轨道的空白位置，将时间线滑动到5帧位置处，按Ctrl键单击速率线；接着将时间线滑动到1秒位置处，再次按Ctrl键单击速率线，如图14-7所示。将1秒之后的速率线向上拖动到500.00%，如图14-8所示。

图 14-7   图 14-8

Part 02 制作文字和图形动画

步骤 01 创建文字。将时间线滑动到3秒27帧位置处，在【工具】面板中单击 **T**（文字工具）按钮，接着在【节目监视器】面板中左侧中间的位置单击并输入合适的文字，如图14-9所示。在【时间轴】面板中选择V2轨道上的Charm city文字图层，在【效果控件】面板中展开【文本】→【源文本】，设置合适的【字体系列】和【字体样式】，设置【字体大小】为400，**A**（行距）为-100，单击 **TT**（全部大写字母）按钮，设置【填充】为白色，如图14-10所示。

图 14-9   图 14-10

步骤 02 在【时间轴】面板中设置V2轨道上的文字图层的结束时间为5秒7帧，如图14-11所示。选中文字图层，右击，在弹出的快捷菜单中执行【标签】→【芒果黄色】命令，如图14-12所示。

图 14-11   图 14-12

步骤 03 将【项目】面板中的02.mp4素材文件拖动到【时间轴】面板中V2轨道上的5秒07帧位置处，如图14-13所示。

图 14-13

步骤 04 在【项目】面板的空白处右击，在弹出的快捷菜单中执行【新建项目】→【颜色遮罩】命令，如图14-14所示。在弹出的【新建颜色遮罩】对话框中单击【确定】按钮。在弹出的【拾色器】窗口中设置颜色为【黄色】，接着单击【确定】按钮，如图14-15所示。

图 14-14

图 14-15

步骤 05 在【项目】面板中双击颜色遮罩图层的文字，接着修改名称为【黄色】，如图14-16所示。将【项目】面板中的【黄色】图层拖动到【时间轴】面板中V3轨道上的2秒27帧位置处，如图14-17所示。

图 14-16   图 14-17

步骤 06 在【时间轴】面板中设置V3轨道上的【黄色】图层的结束时间为4秒14帧，如图14-18所示。在【时间轴】面板中选择V3轨道上的【黄色】图层，在【效果控件】面板中展开【不透明度】，单击【不透明度】前面的⏱(切换动画)按钮，将时间线滑动到2秒27帧位置处，设置【不透明度】为0.0%；将时间线滑动到3秒04帧位置处，设置【不透明度】为100.0%，如图14-19所示。

图 14-18　　　　　　　　　图 14-19

步骤 07 在【效果】面板中搜索【裁剪】效果，将该效果拖动到【时间轴】面板中V3轨道的【黄色】图层上，如图14-20所示。

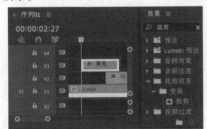

图 14-20

步骤 08 在【时间轴】面板中选择V3轨道上的【黄色】图层，在【效果控件】面板中展开【裁剪】，单击【左侧】【顶部】【底部】前面的⏱(切换动画)按钮，将时间线滑动到2秒27帧位置处，设置【左侧】为0.0%，【顶部】为0.0%，【底部】为0.0%；将时间线滑动到3秒22帧位置处，设置【底部】为38.0%，如图14-21所示。滑动时间线，此时画面效果如图14-22所示。

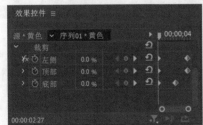

图 14-21

图 14-22

步骤 09 在【项目】面板的空白处右击，在弹出的快捷菜单中执行【新建项目】→【调整图层】命令，如图14-23所示。在弹出的【调整图层】对话框中单击【确定】按钮。在【项目】面板中将调整图层拖动到【时间轴】面板中V3轨道上的5秒06帧位置处，如图14-24所示。

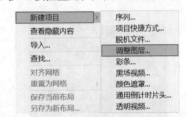

图 14-23

图 14-24

步骤 10 在【时间轴】面板中设置V3轨道上的调整图层的结束时间为6秒08帧，如图14-25所示。在【效果】面板中搜索【变换】效果，将该效果拖动到【时间轴】面板中V3轨道的调整图层上，如图14-26所示。

图 14-25

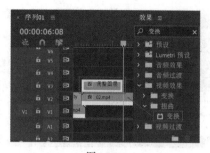

图 14-26

图 14-30

步骤 11 在【时间轴】面板中选择V3轨道上的调整图层,在【效果控件】面板中展开【变换】,单击■(创建4点多边形蒙版)按钮;展开【蒙版(1)】,设置【蒙版羽化】为0.0,【蒙版扩展】为281.0,如图14-27所示。在【节目监视器】面板中将蒙版调整到合适的位置与大小,如图14-28所示。

图 14-27

图 14-28

步骤 12 在【效果控件】面板中展开【变换】,单击■(创建4点多边形蒙版)按钮;展开【蒙版(2)】,设置【蒙版羽化】为0.0,如图14-29所示。在【节目监视器】面板中将蒙版调整到合适的位置与大小,如图14-30所示。

图 14-29

步骤 13 单击【位置】前面的◎(切换动画)按钮,将时间线滑动到5秒09帧位置处,设置【位置】为(1144.0,540.0);将时间线滑动到5秒11帧位置处,设置【位置】为(960.0,540.0);将时间线滑动到5秒15帧位置处,设置【位置】为(815.0,540.0);将时间线滑动到5秒18帧位置处,设置【位置】为(960.0,540.0),如图14-31所示。在【效果控件】面板中框选【位置】中的所有关键帧,右击,在弹出的快捷菜单中执行【临时插值】→【定格】命令,如图14-32所示。

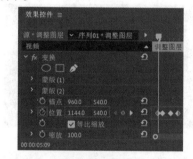

图 14-31

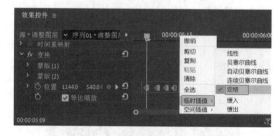

图 14-32

步骤 14 在【效果】面板中搜索【偏移】效果,将该效果拖动到【时间轴】面板中V3轨道的调整图层上,如图14-33所示。选择V3轨道上的调整图层,在【效果控件】面板中展开【偏移】,将时间线滑动到5秒07帧位置处,单击【将中心移位至】前面的◎(切换动画)按钮,设置【将中心移位至】为(960.0,540.0);将时间线滑动到5秒21帧位置处,设置【将中心移位至】为(4800.0,540.0),如图14-34所示。

Premiere短视频制作教程(案例视频 全彩版)

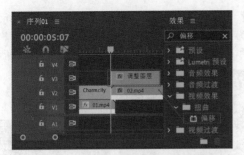

图 14-33

图 14-34

步骤 15 在【效果控件】面板中框选【将中心移位至】中的所有关键帧，右击，在弹出的快捷菜单中执行【临时插值】→【贝塞尔曲线】命令，如图14-35所示。展开【将中心移位至】，调整操纵杆制作合适的贝塞尔曲线，如图14-36所示。

图 14-35

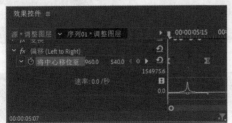

图 14-36

步骤 16 在【效果】面板中搜索【方向模糊】效果，将该效果拖动到【时间轴】面板中V3轨道的调整图层上，如图14-37所示。选择V3轨道上的调整图层，在【效果控件】面板中展开【方向模糊】，设置【方向】为90.0°；将时间线滑动到5秒07帧位置处，单击【模糊长度】前面的 🕐（切换动画）按钮，设置【模糊长度】为0.0；将时间线

滑动到5秒14帧位置处，设置【模糊长度】为150.0；将时间线滑动到5秒21帧位置处，设置【模糊长度】为0.0，如图14-38所示。

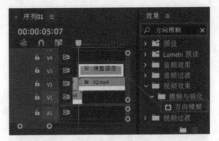

图 14-37

图 14-38

步骤 17 在【效果控件】面板中选择【模糊长度】中5秒07帧位置处的关键帧，右击，在弹出的快捷菜单中执行【贝塞尔曲线】命令，如图14-39所示。选择【模糊长度】中5秒21帧位置处的关键帧，右击，在弹出的快捷菜单中执行【贝塞尔曲线】命令，如图14-40所示。

图 14-39

图 14-40

步骤18 展开【模糊长度】，调整操纵杆制作合适的速率，如图14-41所示。滑动时间线，此时画面效果如图14-42所示。

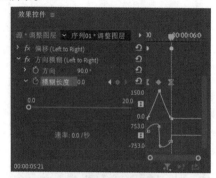

图 14-41

图 14-42

步骤19 创建文字。将时间线滑动到2秒27帧位置处，在【工具】面板中单击 T（文字工具）按钮，接着在【节目监视器】面板中间的位置单击并输入合适的文字，如图14-43所示。在【时间轴】面板中选择V4轨道上的Ecological city文字图层，在【效果控件】面板中展开【文本】→【源文本】，设置合适的【字体系列】和【字体样式】，设置【字体大小】为90，VA（字距调整）为-10，（行距）为-14，单击 TT（全部大写字母）按钮，设置【填充】为白色，如图14-44所示。

图 14-43

图 14-44

步骤20 展开【变换】，设置【位置】为(18.0,395.0)，【缩放】为458，【锚点】为(4.3,-29.3)，如图14-45所示。展开【运动】，设置【位置】为(960.0,535.3)，如图14-46所示。

图 14-45

图 14-46

步骤21 在【效果】面板中搜索【方向模糊】效果，将该效果拖动到【时间轴】面板中V4轨道的文字图层上，如图14-47所示。选择V4轨道上的文字图层，在【效果控件】面板中展开【方向模糊】，将时间线滑动到2秒27帧位置处，单击【模糊长度】前面的（切换动画）按钮，设置【模糊长度】为0.0；将时间线滑动到3秒04帧位置处，设置【模糊长度】为100.0；将时间线滑动到3秒10帧位置处，设置【模糊长度】为0.0，如图14-48所示。

图 14-47

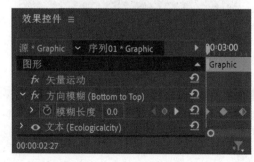

图 14-48

步骤 22 在【效果控件】面板中分别选择【模糊长度】中2秒27帧、3秒10帧位置处的关键帧，右击，在弹出的快捷菜单中执行【贝塞尔曲线】命令，如图14-49所示。展开【模糊长度】，调整操纵杆制作合适的速率，如图14-50所示。

图 14-49

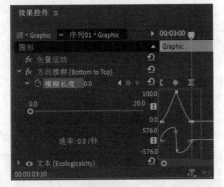

图 14-50

步骤 23 在【时间轴】面板中设置V4轨道上文字图层的结束时间为3秒27帧，如图14-51所示。右击文字图层，在弹出的快捷菜单中执行【标签】→【芒果黄色】命令，如图14-52所示。

图 14-51

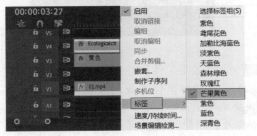

图 14-52

步骤 24 滑动时间线，此时画面效果如图14-53所示。将时间线滑动到4秒14帧位置处，在【项目】面板中将调整图层拖动到【时间轴】面板中的V4轨道上，并设置结束时间为4秒28帧，如图14-54所示。

图 14-53

图 14-54

步骤 25 在【效果】面板中搜索【偏移】效果，将该效果拖动到【时间轴】面板中V4轨道的调整图层上，如图14-55所示。选择V4轨道上的调整图层，在【效果控件】面板中展开【偏移】，将时间线滑动到4秒14帧位置处，单击【将中心移位至】前面的 🎬 (切换动画)按钮，设置【将中心移位至】为(960.0,540.0)；将时间线滑动到4秒27帧位置处，设置【将中心移位至】为(960.0,3780.0)，如图14-56所示。

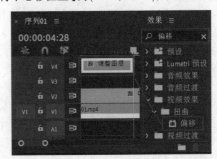

图 14-55

图 14-56

步骤 26 在【效果控件】面板中选择【将中心移位至】中的所有关键帧，右击，在弹出的快捷菜单中执行【临时插值】→【贝塞尔曲线】命令，如图 14-57 所示。展开【模糊长度】，调整操纵杆制作合适的速率，如图 14-58 所示。

图 14-57

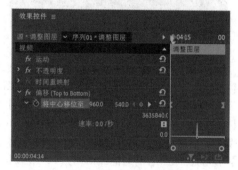

图 14-58

步骤 27 创建文字。将时间线滑动到 5 秒 24 帧位置处，在【工具】面板中单击 T（文字工具）按钮，接着在【节目监视器】面板中间的位置单击并输入合适的文字，如图 14-59 所示。在【时间轴】面板中选择 V4 轨道上的 Colorful life 文字图层，在【效果控件】面板中展开【文本】→【源文本】，设置合适的【字体系列】和【字体样式】，设置【字体大小】为 400，（行距）为 -100，单击 TT（全部大写字母）按钮，设置【填充】为白色；展开变换，设置【位置】为（167.7，520.0），如图 14-60 所示。

图 14-59 　　　　　　　　　　　　图 14-60

步骤 28 在【效果】面板中搜索【方向模糊】效果，将该效果拖动到【时间轴】面板中 V4 轨道的第二个文字图层上，如图 14-61 所示。选择 V4 轨道上的第二个文字图层，在【效果控件】面板中展开【方向模糊】，将时间线滑动到 5 秒 24 帧位置处，单击【模糊长度】前面的 （切换动画）按钮，设置【模糊长度】为 0.0；将时间线滑动到 6 秒 01 帧位置处，设置【模糊长度】为 100.0；将时间线滑动到 6 秒 07 帧位置处，设置【模糊长度】为 0.0，如图 14-62 所示。

图 14-61

图 14-62

步骤 29 在【效果控件】面板中分别选择【模糊长度】中 5 秒 24 帧、6 秒 07 帧位置处的关键帧，右击，在弹出的快捷菜单中执行【贝塞尔曲线】命令，如图 14-63 所示。展开【模糊长度】，调整操纵杆制作合适的速率，如图 14-64 所示。

图 14-63

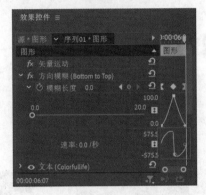

图 14-64

步骤 30 再次将【项目】面板中的调整图层拖动到【时间轴】面板中 V5 轨道上的 3 秒 20 帧位置处，并设置合适的结束时间。使用同样的方法为调整图层添加【方向模糊】效果，并设置合适的参数，效果如图 14-65 所示。

图 14-65

步骤 31 在【项目】面板中将配乐.mp3 素材文件拖动到【时间轴】面板中的 A1 轨道上，如图 14-66 所示。接着将时间线滑动到 10 秒位置处，在【时间轴】面板中单击 A1 轨道上的配乐.mp3 素材文件，按 W 键波纹删除素材后半部分，如图 14-67 所示。

图 14-66

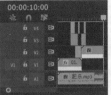

图 14-67

本实例制作完成，滑动时间线查看画面效果，如图 14-68 所示。

图 14-68

Chapter
15
第15章

旅行类Vlog短视频

　　本实例通过修剪视频设置合适的尺寸大小，并使用【速度/持续时间】命令设置视频播放速度；使用【交叉缩放】【白场过渡】效果制作视频过渡效果，使视频过渡更加柔和；使用调整图层与【Lumetri 颜色】效果调整画面的颜色与亮度；使用【文字工具】创建文字，并使用【叠加溶解】效果制作文字过渡效果；使用【亮度键】效果对画面进行抠像；使用【水平翻转】效果制作文字水波效果。实例效果如图15-1所示。

扫一扫，看视频

图 15-1

操作步骤

Part 01　剪辑视频

步骤 01 执行【文件】→【新建】→【项目】命令，新建一个项目。接着执行【文件】→【导入】命令，导入全部素材，如图15-2所示。

图 15-2

步骤 02 在【项目】面板中将风景 1.mp4 素材文件拖动到【时间轴】面板中的V1轨道上，此时在【项目】面板中自动生成一个与风景 1.mp4 素材文件等大的序列，如图15-3所

示。滑动时间线，此时画面效果如图15-4所示。

图 15-3

图 15-4

步骤 03 在【时间轴】面板中按住Alt键选择风景 1.mp4 素材文件的音频文件，按Delete键进行删除，如图15-5所示。将时间线滑动到4秒11帧位置处，按W键波纹删除素材后半部分，如图15-6所示。

图 15-5　　　　　　　　图 15-6

步骤 04 在【项目】面板中将风景 2.mp4 素材文件拖动到【时间轴】面板中V1轨道上的4秒11帧位置处，如图15-7所示。在【项目】面板中按住Alt键选择风景 2.mp4 素材文件的音频文件，按Delete键进行删除，如图15-8所示。

图 15-7

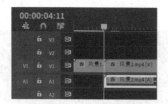

图 15-8

步骤 05 将时间线滑动到6秒11帧位置处，按W键波纹删除素材后半部分，如图15-9所示。在【项目】面板中将风景3.mp4素材文件拖动到【时间轴】面板中V1轨道上的6秒11帧位置处，如图15-10所示。

图 15-9

图 15-10

步骤 06 将时间线滑动到8秒09帧位置处，按W键波纹删除素材后半部分，如图15-11所示。在【项目】面板中将风景4.mp4素材文件拖动到【时间轴】面板中V1轨道上的8秒09帧位置处，如图15-12所示。

图 15-11

图 15-12

步骤 07 在【时间轴】面板中按住Alt键选择风景4.mp4素材文件的音频文件，按Delete键进行删除，如图15-13所示。将时间线滑动到10秒09帧位置处，按W键波纹删除素材后半部分，如图15-14所示。

图 15-13   图 15-14

步骤 08 在【时间轴】面板中单击风景4.mp4素材文件，在【效果控件】面板中展开【运动】，设置【缩放】为115.0，如图15-15所示。滑动时间线，此时画面效果如图15-16所示。

图 15-15

图 15-16

步骤 09 在【项目】面板中将风景5.mp4素材文件拖动到【时间轴】面板中V1轨道上的10秒09帧位置处，如图15-17所示。在【时间轴】面板中按住Alt键选择风景5.mp4素材文件的音频文件，按Delete键进行删除，如图15-18所示。

图 15-17

Premiere短视频制作教程（案例视频 全彩版）

图 15-18

步骤 10 将时间线滑动到12秒12帧位置处，按W键波纹删除素材后半部分，如图15-19所示。在【时间轴】面板中单击风景5.mp4素材文件，在【效果控件】面板中展开【运动】，设置【缩放】为115.0，如图15-20所示。

图 15-19　　　　　　　图 15-20

步骤 11 在【项目】面板中将风景6.mp4素材文件拖动到【时间轴】面板中V1轨道上的12秒12帧位置处，如图15-21所示。在【时间轴】面板中按住Alt键选择风景6.mp4素材文件的音频文件，按Delete键进行删除，如图15-22所示。

图 15-21

图 15-22

步骤 12 将时间线滑动到18秒05帧位置处，按W键波纹删除素材后半部分，如图15-23所示。在【时间轴】面板中单击风景6.mp4素材文件，在【效果控件】面板中展开

【运动】，设置【缩放】为115.0，如图15-24所示。

图 15-23　　　　　　　图 15-24

步骤 13 滑动时间线，此时画面效果如图15-25所示。使用同样的方法为剩余文件设置合适的持续时间与大小。滑动时间线，此时画面效果如图15-26所示。

图 15-25

图 15-26

步骤 14 在【时间轴】面板中右击牵手5.mp4素材文件，在弹出的快捷菜单中执行【速度/持续时间】命令，如图15-27所示。在弹出的【剪辑速度/持续时间】对话框中设置【速度】为130%，接着单击【确定】按钮，如图15-28所示。

图 15-27

图 15-28

Part 02　为视频添加转场

步骤 01 在【效果】面板中搜索【交叉缩放】效果，将该效果拖动到风景2.mp4素材文件的起始时间位置处，如图15-29所示。在【效果】面板中搜索【交叉缩放】效果，将该效果拖动到风景3.mp4素材文件的起始时间位置处，如图15-30所示。

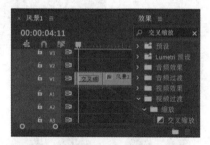

图 15-29

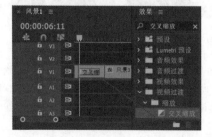

图 15-30

步骤 02 在【效果】面板中搜索【交叉缩放】效果，将该效果拖动到风景4.mp4素材文件的起始时间位置处，如图15-31所示。在【效果】面板中搜索【交叉缩放】效果，将该效果拖动到风景5.mp4素材文件的起始时间位置处，如图15-32所示。

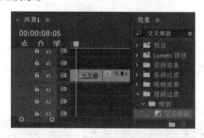

图 15-31

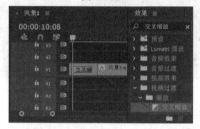

图 15-32

步骤 03 在【效果】面板中搜索【交叉缩放】效果，该效果拖动到风景6.mp4素材文件的起始时间位置处，如图15-33所示。在【效果】面板中搜索【白场过渡】效果，将该效果拖动到牵手1.mp4素材文件的起始时间位置处，如图15-34所示。

图 15-33

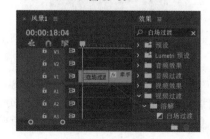

图 15-34

Part 03　调色、添加文字并制作片头文字

步骤 01 在【项目】面板的空白处右击,在弹出的快捷菜单中执行【新建项目】→【调整图层】命令,如图15-35所示。在【项目】面板中将调整图层拖动到【时间轴】面板中V2轨道上的27秒10帧位置处,如图15-36所示。

图 15-35

图 15-36

步骤 02 设置【时间轴】面板中V2轨道上的调整图层的结束时间为38秒19帧,如图15-37所示。在【效果】面板中搜索【Lumetri 颜色】效果,将该效果拖动到调整图层上,如图15-38所示。

图 15-37

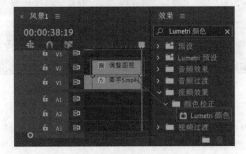

图 15-38

步骤 03 在【时间轴】面板中单击调整图层,在【效果控件】面板中展开【Lumetri颜色】→【基本校正】→【颜色】,设置【色温】为-27.0,【色彩】为68.0,如图15-39所示。

展开【灯光】,设置【对比度】为17.0,【高光】为10.0;展开【创意】→【调整】,设置【自然饱和度】为60.0,如图15-40所示。

图 15-39　　　　　　图 15-40

步骤 04 滑动时间线,此时画面效果如图15-41所示。将时间线滑动到27秒24帧位置处,在【工具】面板中单击 ⊤ (文字工具)按钮,在【节目监视器】面板中合适的位置单击输入合适的内容,如图15-42所示。

图 15-41

图 15-42

步骤 05 在【时间轴】面板中单击文字图层,并设置文字图层的结束时间与下方素材的结束时间相同。接着在【效果控件】面板中展开【文本】→【源文本】。设置合适的

【字体系列】和【字体样式】,设置【字体大小】为251,【填充】为白色;展开【变换】,设置【位置】为(430.5,663.9),如图15-43所示。展开【运动】,将时间线滑动到27秒27帧位置处,单击【缩放】前面的 ⏱ (切换动画)按钮,设置【缩放】为100.0;将时间线滑动到38秒17帧位置处,设置【缩放】为157.0,如图15-44所示。

图 15-43　　　　　　　　图 15-44

步骤 06 在【效果】面板中搜索【叠加溶解】效果,将该效果拖动到【时间轴】面板中V3轨道的文字图层上,如图15-45所示。在【时间轴】面板中选择牵手5.mp4素材文件,按住Alt键向上拖动至V4轨道上,如图15-46所示。

图 15-45　　　　　　　　图 15-46

步骤 07 在【效果】面板中搜索【亮度键】效果,将该效果拖动到【时间轴】面板中V4轨道的牵手5.mp4素材文件上,如图15-47所示。在【效果控件】面板中展开【亮度键】,设置【阈值】为50.0%,【屏蔽度】为70.0%,如图15-48所示。

图 15-47　　　　　　　　图 15-48

步骤 08 将时间线滑动到37秒17帧位置处,在【时间轴】面板中选择V4轨道上的牵手5.mp4素材文件,按快捷键Ctrl+K进行裁剪,如图15-49所示。在【时间轴】面板中单击时间线后方的牵手5.mp4素材文件,按Delete键进行删除,如图15-50所示。

图 15-49　　　　　　　　图 15-50

步骤 09 滑动时间线,此时画面效果如图15-51所示。在【项目】面板中将片头文字素材.mp4素材文件拖动到【时间轴】面板中V3轨道上的2秒15帧位置处,如图15-52所示。

图 15-51

图 15-52

步骤 10 将时间线滑动到4秒05帧位置处,在【时间轴】面板中选择V3轨道上的片头文字素材.mp4素材文件,按快捷键Ctrl+K进行裁剪,如图15-53所示。在【时间轴】面板中单击时间线后方的片头文字素材.mp4素材文件,按Delete键进行删除,如图15-54所示。

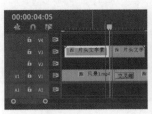

图 15-53   图 15-54

步骤 11 在【时间轴】面板中单击片头文字素材.mp4素材文件，在【效果控件】面板中展开【运动】，设置【位置】为(1031.3,751.6)，【旋转】为180.0°，如图15-55所示。展开【不透明度】，设置【不透明度】为20.0%，【混合模式】为变亮，如图15-56所示。

图 15-55   图 15-56

步骤 12 在【时间轴】面板中选择V3轨道上的片头文字素材.mp4素材文件，按住Alt键向上拖动到V4轨道上，如图15-57所示。在【时间轴】面板中选择V4轨道上的片头文字素材.mp4素材文件，在【效果控件】面板中展开【运动】，修改【位置】为(1009.4,418.4)，【旋转】为0.0；展开【不透明度】，设置【不透明度】为100.0%，如图15-58所示。

图 15-57   图 15-58

步骤 13 在【效果】面板中搜索【水平翻转】效果，将该效果拖动到【时间轴】面板中V3轨道的片头文字素材.mp4素材文件上，如图15-59所示。在【项目】面板中将配乐.mp3素材文件拖动到【时间轴】面板中的A1轨道上，如图15-60所示。

图 15-59

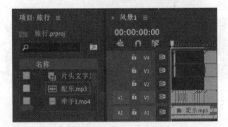

图 15-60

步骤 14 将时间线滑动到视频结束位置处，单击选择【时间轴】面板中A1轨道上的配乐.mp3素材文件，按快捷键Ctrl+K进行裁剪，如图15-61所示。在【时间轴】面板中选择时间线后方的配乐.mp3素材文件，按Delete键进行删除，如图15-62所示。

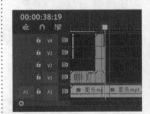

图 15-61   图 15-62

本实例制作完成，滑动时间线查看画面效果，如图15-63所示。

图 15-63

Chapter
16
第16章

怦然心动的拍照特效

本实例使用【关键帧】与【快速模糊入点】命令制作照片弹入效果,使用【速度/持续时间】命令与【混合模式】命令制作心动画面的氛围效果。实例效果如图16-1所示。

扫一扫,看视频

图 16-1

操作步骤

Part 01 剪辑素材

步骤 01 执行【文件】→【新建】→【项目】命令,新建一个项目。接着执行【文件】→【导入】命令,导入全部素材,如图16-2所示。

图 16-2

步骤 02 在【项目】面板中将视频素材.mp4素材文件拖动到【时间轴】面板中的V1轨道上,此时在【项目】面板中自动生成一个与视频素材.mp4素材文件等大的序列,如图16-3所示。滑动时间线,此时画面效果如图16-4所示。

图 16-3

图 16-4

步骤 03 将时间线滑动到8秒20帧位置处,在【时间轴】面板中选择V1轨道上的视频素材.mp4素材文件,按W键波纹删除素材后半部分,如图16-5所示。在【项目】面板中将照片.png素材文件拖动到【时间轴】面板中V2轨道的3秒20帧位置处,如图16-6所示。

图 16-5

图 16-6

Part 02 制作拍照效果

步骤 01 在【时间轴】面板中单击照片.png素材文件,在【效果控件】面板中展开【运动】,将时间线滑动到3秒20帧位置处,单击【位置】【缩放】前面的 （切换动画）

按钮，设置【位置】为(1366.0,589.0)，【缩放】为248.0；将时间线滑动到3秒22帧位置处，设置【位置】为(1366.0,823.0)；将时间线滑动到3秒24帧位置处，设置【位置】为(1366.0,702.0)；将时间线滑动到4秒01帧位置处，设置【位置】为(1366.0,886.0)；将时间线滑动到4秒02帧位置处，设置【位置】为(1366.0,547.0)，【缩放】为100.0；将时间线滑动到4秒05帧位置处，设置【位置】为(1366.0,749.0)，如图16-7所示。

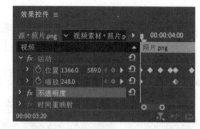

图16-7

步骤 02 在【效果】面板中搜索【快速模糊入点】效果，将该效果拖动到【时间轴】面板中V2轨道的3秒20帧位置处的照片.png素材文件上，如图16-8所示。滑动时间线，此时画面效果如图16-9所示。

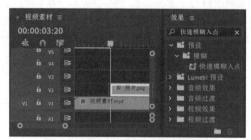

图16-8

图16-9

步骤 03 在【项目】面板中将3.mov素材文件拖动到【时间轴】面板中V3轨道的3秒20帧位置处，如图16-10所示。在【时间轴】面板中右击3.mov素材文件，在弹出的快捷菜单中执行【速度/持续时间】命令，如图16-11所示。

图16-10

图16-11

步骤 04 在弹出的【剪辑速度/持续时间】对话框中设置【速度】为200%，接着单击【确定】按钮，如图16-12所示。在【时间轴】面板中选择3.mov素材文件，在【效果控件】面板中展开【运动】，设置【位置】为(1366.0,857.0)，【缩放】为197.0；展开【不透明度】，设置【混合模式】为滤色，如图16-13所示。

图16-12　　　　　　　图16-13

步骤 05 在【项目】面板中将1.mov素材文件拖动到【时间轴】面板中V4轨道的3秒20帧位置处，如图16-14所示。在【时间轴】面板中选择V4轨道上的1.mov素材文件，设置结束时间为8秒18帧，如图16-15所示。

图16-14

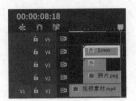

图 16-15

步骤 06 在【时间轴】面板中选择1.mov素材文件，在【效果控件】面板中展开【运动】，设置【缩放】为146.0；展开【不透明度】，设置【混合模式】为滤色，如图16-16所示。滑动时间线，此时画面效果如图16-17所示。

图 16-16

图 16-17

步骤 07 在【项目】面板中将2.mp4素材文件拖动到【时间轴】面板中V5轨道的4秒16帧位置处，如图16-18所示。在【时间轴】面板中选择V5轨道上的2.mp4素材文件，设置结束时间为8秒18帧，如图16-19所示。

图 16-18

图 16-19

步骤 08 在【时间轴】面板中选择2.mp4素材文件，在【效果控件】面板中展开【运动】，设置【缩放】为138.0；展开【不透明度】，设置【混合模式】为滤色，如图16-20所示。

图 16-20

本实例制作完成，滑动时间线查看画面效果，如图16-21所示。

图 16-21

Chapter
17

第17章

淘宝电商广告

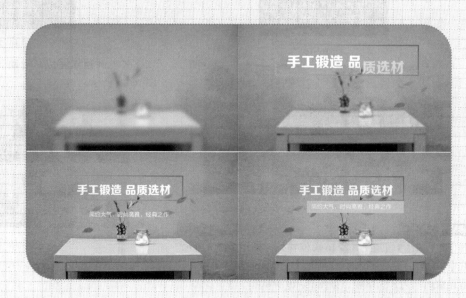

实例路径	Chapter 17 淘宝电商广告→制作淘宝电商广告

扫一扫，看视频

在生活中，不同效果的文字会带给人不同的视觉感受，新颖的文字效果能很好地吸引观者的注意力。本实例主要学习如何使用【嵌套】命令制作动感的文字，制作淘宝电商广告展示视频。实例效果如图17-1所示。

图17-1

操作步骤

Part 01 制作图片效果

步骤 01 执行【文件】→【新建】→【项目】命令，新建一个项目。在【项目】面板的空白处右击，执行【新建项目】→【序列】命令。在弹出的【新建序列】窗口中单击【确定】按钮，设置【编辑模式】为HDV 1080p，【时基】为29.97帧/秒，【像素长宽比】为HD 变形1080（1.333）。

步骤 02 单击【项目】面板底部的【新建素材箱】按钮，并命名为【图片】，如图17-2所示。执行【文件】→【导入】命令，导入所需的素材，如图17-3所示。

图17-2

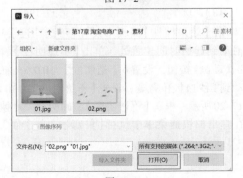

图17-3

步骤 03 将【项目】面板中的01.jpg、02.png素材文件分别拖动到【时间轴】面板中的V3和V8轨道上，并将结束时间设置为4秒17帧，如图17-4所示。

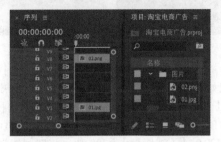

图17-4

步骤 04 选择V3轨道上的01.jpg素材文件，在【效果控件】面板中展开【运动】，设置【缩放】为65.0，如图17-5所示。此时画面效果如图17-6所示。

图17-5　　　　　　　　图17-6

步骤 05 在【效果】面板中搜索【高斯模糊】效果，将该效果拖动到【时间轴】面板中V3轨道的01.jpg素材文件上，如图17-7所示。

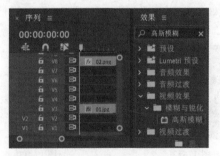

图17-7

步骤 06 选择V3轨道上的01.jpg素材文件，将时间线滑动到起始时间位置处，在【效果控件】面板中展开【高斯模糊】，单击【模糊度】前面的█（切换动画）按钮，创建关键帧，设置【模糊度】为80.0；将时间线滑动到2秒位置处，设置【模糊度】为0.0，取消勾选【重复边缘像素】复选框，如图17-8所示。此时画面效果如图17-9所示。

图 17-8　　　　　　　　　图 17-9

步骤 07 选择V8轨道上的02.png素材文件，将时间线滑动到起始时间位置处，在【效果控件】面板中展开【运动】和【不透明度】。单击【位置】前面的 ◎（切换动画）按钮，创建关键帧，设置【位置】为(1900.0,540.0)，【缩放】为120.0，【不透明度】为100.0%；将时间线滑动到1秒22帧位置处，设置【不透明度】为50.0%；将时间线滑动到2秒29帧位置处，设置【位置】为(685.0,497.0)，【不透明度】为100.0%，如图17-10所示。此时画面效果如图17-11所示。

图 17-10　　　　　　　　图 17-11

Part 02　制作文字效果

步骤 01 单击【项目】面板底部的【新建素材箱】按钮，并命名为【文字】，如图17-12所示。将时间线滑动到起始时间位置处，执行【图形和标题】→【新建图层】→【文本】命令，如图17-13所示。

图 17-12　　　　　　　　图 17-13

步骤 02 在【工具】面板中单击 T（文字工具）按钮，在【节目监视器】面板中输入相应的文字，如图17-14所示。在【效果控件】面板中展开【文本】→【源文本】，设置合适的【字体系列】和【字体样式】，设置【字体大小】为183，【填充】为白色；展开【变换】，设置【位置】为(276.7,553.0)，【缩放】为70，如图17-15所示。

图 17-14　　　　　　　　图 17-15

步骤 03 在【时间轴】面板中将文字图层移动到V5轨道上并设置结束时间为4秒17帧，如图17-16所示。在【效果控件】面板中展开【运动】，将时间线滑动到起始时间位置处，单击【位置】前面的 ◎（切换动画）按钮，设置【位置】为(720.0,1196.0)；将时间线滑动到1秒07帧位置处，设置【位置】为(720.0,540.0)，如图17-17所示。

图 17-16　　　　　　　　图 17-17

步骤 04 在【效果控件】面板中框选所有关键帧，右击，在弹出的快捷菜单中执行【临时插值】→【贝塞尔曲线】命令，如图17-18所示。滑动时间线查看文字效果，如图17-19所示。

图 17-18　　　　　　　　图 17-19

步骤 05 在【效果控件】面板中展开【不透明度】，将时间线滑动到起始时间位置处，单击【不透明度】前面的 ◎（切换动画）按钮，设置【不透明度】为0.0%；将时间线滑动到1秒14帧位置处，设置【不透明度】为100.0%，如图17-20所示。框选【不透明度】中的所有关键帧，右击，在弹出的快捷菜单中执行【贝塞尔曲线】命令，如图17-21所示。

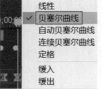

图 17-20　　　　　　　　图 17-21

步骤 06 滑动时间线，此时画面效果如图 17-22 所示。在【效果】面板中搜索【裁剪】效果，将该效果拖动到【时间轴】面板中 V5 轨道的文字图层上，如图 17-23 所示。

图 17-22

图 17-23

步骤 07 选择 V5 轨道上的文字图层，在【效果控件】面板中展开【裁剪】，设置【右侧】为 45.7%，如图 17-24 所示。滑动时间线查看文字效果，如图 17-25 所示。

图 17-24　　　　　　　　图 17-25

步骤 08 选择 V5 轨道上的文字图层，按住 Alt 键向上拖动到 V6 轨道上的 16 帧位置处，设置结束帧与 V5 轨道上的文字图层对齐，如图 17-26 所示。

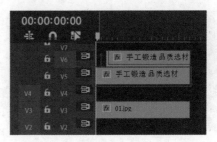

图 17-26

步骤 09 选择 V6 轨道上的文字图层，在【效果控件】面板中展开【裁剪】，设置【左侧】为 54.4%，如图 17-27 所示。此时文字效果如图 17-28 所示。

图 17-27　　　　　　　　图 17-28

步骤 10 在【时间轴】面板中框选 V5 和 V6 轨道上的文字图层，右击，执行【嵌套】命令，如图 17-29 所示。在弹出的【嵌套序列名称】对话框中将【名称】命名为大文字，然后单击【确定】按钮。

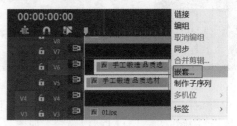

图 17-29

Part 03　制作字幕效果

步骤 01 在【时间轴】面板中选择 V5 轨道上的【大文字】，在【效果控件】面板中展开【运动】，设置【位置】为 (717.9,336.3)；将时间线滑动到 2 秒位置处，单击【缩放】前面的 ◎（切换动画）按钮，设置【缩放】为 100.0；将时间线滑动到 3 秒位置处，设置【缩放】为 80.0，如图 17-30 所示。在【效果控件】面板中框选所有关键帧，右击，在弹出的快捷菜单中执行【贝塞尔曲线】命令，如图 17-31 所示。

图 17-30　　　　　　　　　图 17-31

步骤 02 此时画面效果如图 17-32 所示。在【效果】面板中搜索【轨道遮罩键】效果，将该效果拖动到【时间轴】面板中V5轨道的嵌套序列上，如图 17-33 所示。

图 17-32　　　　　　　　　图 17-33

步骤 03 选择V5轨道上的嵌套序列，在【效果控件】面板中展开【轨道遮罩键】，设置【遮罩】为视频6，如图 17-34 所示。此时画面效果如图 17-35 所示。

图 17-34　　　　　　　　　图 17-35

步骤 04 将时间线滑动到起始时间位置处，执行【图形和标题】→【新建图层】→【矩形】命令，如图 17-36 所示。在【节目监视器】面板中绘制合适大小的矩形，如图 17-37 所示。

图 17-36　　　　　　　　　图 17-37

步骤 05 在【时间轴】面板中将【图形】图层拖动到V7轨道上，并设置结束时间与02.png素材文件的结束时间相同，如图 17-38 所示。单击选择【图形】图层，在【效果控件】面板中展开【形状】→【外观】，取消勾选【填充】复选框，

勾选【描边】复选框，设置【描边颜色】为蓝色，【描边大小】为10.0，【描边类型】为内侧，如图 17-39 所示。

图 17-38　　　　　　　　　图 17-39

步骤 06 选择V7轨道上的【图形】图层，在【效果控件】面板中展开【运动】，设置【位置】为(697.5, 306.3)；将时间线滑动到起始时间位置处，单击【缩放】前面的 ⏱ (切换动画)按钮，创建关键帧，设置【缩放】为0.0；将时间线滑动到1秒位置处，设置【缩放】为100.0；将时间线滑动到2秒位置处，设置【缩放】为100.0；将时间线滑动到3秒位置处，设置【缩放】为80.0，如图 17-40 所示。在【效果控件】面板中框选所有关键帧，右击，在弹出的快捷菜单中执行【贝塞尔曲线】命令，如图 17-41 所示。

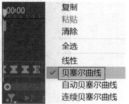

图 17-40　　　　　　　　　图 17-41

步骤 07 此时画面效果如图 17-42 所示。

图 17-42

步骤 08 在【效果】面板中搜索【渐变】效果，将该效果拖动到【时间轴】面板中V7轨道的【图形】图层上，如图 17-43 所示。

图 17-43

步骤 09 选择V7轨道上的【图形】图层，在【效果控件】面板中展开【渐变】，设置【渐变起点】为(1089.0,0.0)，【起始颜色】为深蓝色，【结束颜色】为青色，如图17-44所示。此时画面效果如图17-45所示。

图 17-44   图 17-45

步骤 10 将时间线滑动到3秒位置处，执行【图形和标题】→【新建图层】→【矩形】命令。在【节目监视器】面板中绘制合适大小的矩形，如图17-46所示。

图 17-46

步骤 11 在【时间轴】面板中选择【图形】图层，在【效果控件】面板中展开【形状】→【外观】，设置【填充颜色】为黄色，【锚点】为(112.5,100.0)，如图17-47所示。接着设置V9轨道上的【图形】图层的结束时间为4秒16帧，如图17-48所示。

图 17-47   图 17-48

步骤 12 选择V9轨道上的【图形】图层，在【效果控件】面板中展开【运动】，设置【位置】为(723.0,480.0)，如图17-49所示。此时画面效果如图17-50所示。

图 17-49   图 17-50

步骤 13 将时间线滑动到起始时间位置处，在【工具】面板中单击 T（文字工具）按钮，在【节目监视器】面板中输入相应的文字，如图17-51所示。

图 17-51

步骤 14 在【效果控件】面板中展开【文本】→【源文本】，设置合适的【字体系列】和【字体样式】，设置【字体大小】为80，【填充】为白色；展开【变换】，设置【位置】为(354.8,567.0)，如图17-52所示。

步骤 15 设置【时间轴】面板中V10轨道上文字图层的结束时间为4秒17帧，如图17-53所示。

图 17-52   图 17-53

步骤 16 选择V10轨道上的文字图层，在【效果控件】面板中展开【运动】，将时间线滑动到1秒15帧位置处，单击【位置】前面的 (切换动画)按钮,创建关键帧,设置【位置】为(720.0,665.0);将时间线滑动到3秒07帧位置处,设置【位置】为(720.0,464.0),【缩放】为68.0,如图17-54所示。此时画面效果如图17-55所示。

图 17-54   图 17-55

步骤 17 在【效果控件】面板中将时间线滑动到1秒21帧位置处,单击【不透明度】前面的 (切换动画)按钮,创建关键帧,设置【不透明度】为0.0%;将时间线滑动到2秒11帧位置处,设置【不透明度】为100.0%,如图17-56所示。在【效果控件】面板中框选所有关键帧,右击,在弹出的快捷菜单中执行【贝塞尔曲线】命令,如图17-57所示。

图 17-56   图 17-57

本实例制作完成,滑动时间线查看画面效果,如图17-58所示。

图 17-58

Chapter
18
第18章

人物创意描边特效

动感视频广告通常能抓住观者的记忆点，有利于传播，同时也能给人一种潮流感，有利于品牌树立形象。本实例首先使用【速度】→【持续时间】命令调整画面的速率，设置画面的持续时间；然后使用【交叉缩放】与【急摇】效果使画面过渡效果更加流畅，并使用【油漆桶】效果为画面添加描边效果。最后使用【Lumetri 颜色】效果调整画面的颜色。实例效果如图 18-1 所示。

扫一扫，看视频

图 18-1

操作步骤

Part 01　视频镜头组接

步骤 01 执行【文件】→【新建】→【项目】命令，新建一个项目。执行【文件】→【新建】→【序列】命令，在【新建序列】窗口中单击【设置】按钮，设置【编辑模式】为自定义，【时基】为 23.976 帧/秒，【帧大小】为 1920，【水平】为 1080，【像素长宽比】为方形像素（1.0）。执行【文件】→【导入】命令，导入全部素材。在【项目】面板中将 02.mp4 素材文件拖动到【时间轴】面板中的 V1 轨道上，如图 18-2 所示。拖动过程中，在弹出的【剪辑不匹配警告】对话框中单击【保持现有设置】按钮。

图 18-2

步骤 02 滑动时间线，此时画面效果如图 18-3 所示。

图 18-3

步骤 03 在【时间轴】面板中右击 V1 轨道上的 02.mp4 素材文件，在弹出的快捷菜单中执行【速度/持续时间】命令，如图 18-4 所示。

图 18-4

步骤 04 在弹出的【剪辑速度/持续时间】对话框中设置【速度】为 300%，接着单击【确定】按钮，如图 18-5 所示。

图 18-5

步骤 05 在【时间轴】面板中设置 02.mp4 素材文件的结束时间为 8 帧，如图 18-6 所示。

图 18-6

步骤 06 在【项目】面板中将01.mp4素材文件拖动到【时间轴】面板中V1轨道上的8帧位置处，如图18-7所示。

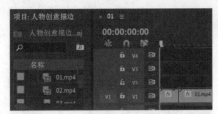

图 18-7

步骤 07 在【时间轴】面板中设置V1轨道上的01.mp4素材文件的结束时间为1秒13帧，如图18-8所示。

图 18-8

步骤 08 在【时间轴】面板中将03.mp4素材文件拖动到【时间轴】面板中V1轨道的01.mp3素材文件后方，如图18-9所示。

图 18-9

步骤 09 在【时间轴】面板中右击V1轨道上的03.mp4素材文件，在弹出的快捷菜单中执行【速度/持续时间】命令，如图18-10所示。

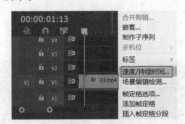

图 18-10

步骤 10 在弹出的【剪辑速度/持续时间】对话框中设置【速度】为300%，接着单击【确定】按钮，如图18-11所示。

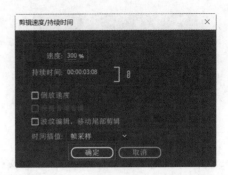

图 18-11

步骤 11 在【时间轴】面板中设置V1轨道上的03.mp4素材文件的结束时间为2秒，如图18-12所示。

步骤 12 滑动时间线，此时画面效果如图18-13所示。

图 18-12　　　　　　　　　　图 18-13

步骤 13 使用同样的方法将04.mp4~07.mp4素材文件拖动到【时间轴】面板中的V1轨道上，设置04.mp4素材文件的速度为500%，05.mp4、06.mp4素材文件的速度为200%，07.mp4素材文件的速度为300%，并设置合适的结束时间。滑动时间线，此时画面效果如图18-14所示。

图 18-14

步骤 14 在【时间轴】面板中选择02.mp4素材文件，按住Alt键拖动到5秒08帧位置处，如图18-15所示。

图 18-15

步骤 15 在【时间轴】面板中选择03.mp4素材文件，在【效果控件】面板中展开【运动】，设置【缩放】为51.0，如图18-16所示。

图 18-16

步骤 16 在【效果】面板中搜索【交叉缩放】效果，将该效果拖动到【时间轴】面板中V1轨道上01.mp4素材文件的起始时间位置处，如图18-17所示。

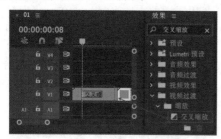

图 18-17

步骤 17 滑动时间线，此时画面效果如图18-18所示。

图 18-18

Part 02　制作描边特效

步骤 01 在【时间轴】面板中选择03.mp4~07.mp4素材文件，按住Alt键垂直向上拖动到V2轨道上，如图18-19所示。

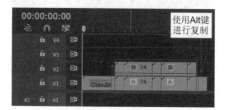

图 18-19

步骤 02 在【效果】面板中搜索【油漆桶】效果，将该效果拖动到【时间轴】面板中V2轨道的03.mp4素材文件上，如图18-20所示。

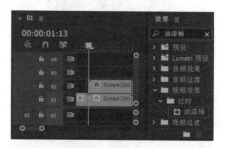

图 18-20

步骤 03 在【时间轴】面板中选择V2轨道上的03.mp4素材文件，在【效果控件】面板中展开【油漆桶】，设置【填充选择器】为直接颜色，【描边】为描边，【描边宽度】为1.5，【颜色】为青色，【混合模式】为变亮；将时间线滑动到1秒14帧位置处，单击【容差】前面的 ○（时间变化秒表）按钮，设置【容差】为1.0；将时间线滑动到1秒18帧位置处，设置【容差】为60.0；将时间线滑动到1秒21帧位置处，设置【容差】为50.0，如图18-21所示。

步骤 04 在【效果】面板中搜索【油漆桶】效果，将该效果拖动到【时间轴】面板中V2轨道的04.mp4素材文件上，如图18-22所示。

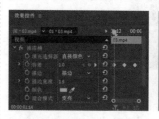

图 18-21　　　　　　　图 18-22

Premiere短视频制作教程（案例视频 全彩版）

> **提示：**
> 在【油漆桶】效果中可通过【容差】参数调整颜色的阈值，还可设置合适的【颜色】与【混合模式】进行调整。

步骤 05 在【时间轴】面板中选择V2轨道上的04.mp4素材文件，在【效果控件】面板中展开【油漆桶】，设置【填充选择器】为直接颜色，【描边】为描边，【描边宽度】为2.0，【颜色】为紫色，【混合模式】为变亮；将时间线滑动到2秒03帧位置处，单击【容差】前面的 (时间变化秒表) 按钮，设置【容差】为0.0；将时间线滑动到2秒14帧位置处，设置【容差】为79.0；将时间线滑动到3秒位置处，设置【容差】0.0，如图18-23所示。

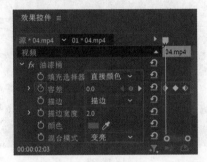

图 18-23

步骤 06 滑动时间线，此时画面效果如图18-24所示。

图 18-24

步骤 07 使用同样的方法为【时间轴】面板中V2轨道上的剩余素材文件制作画面线条效果，并设置合适的容差、颜色和描边宽度。滑动时间线，此时画面效果如图18-25所示。

图 18-25

步骤 08 在【效果】面板中搜索【急摇】效果，将该效果拖动到【时间轴】面板中V2轨道上06.mp4素材文件的起始时间位置处，如图18-26所示。

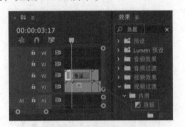

图 18-26

步骤 09 在【项目】面板的空白处右击，在弹出的快捷菜单中执行【新建项目】→【调整图层】命令，如图18-27所示。

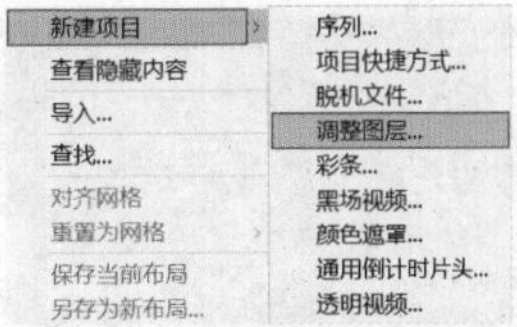

图 18-27

步骤 10 在弹出的【调整图层】对话框中单击【确定】按钮。在【项目】面板中将调整图层拖动到【时间轴】面板中的V3轨道上，设置结束时间为5秒19帧，如图18-28所示。

图 18-28

第18章 人物创意描边特效

219

步骤 11 在【效果】面板中搜索【Lumetri 颜色】效果，将该效果拖动到【时间轴】面板中V3轨道的调整图层上，如图18-29所示。

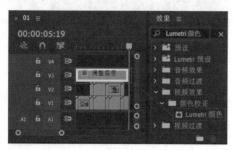

图 18-29

步骤 12 在【时间轴】面板中选择V3轨道上的调整图层，在【效果控件】面板中展开【Lumetri 颜色】→【基本校正】→【颜色】，设置【色温】为-62.0，如图18-30所示。

图 18-30

步骤 13 在【项目】面板中将配乐.mp3素材文件拖动到【时间轴】面板中的A1轨道上，如图18-31所示。

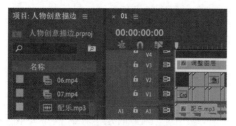

图 18-31

步骤 14 在【时间轴】面板中设置A1轨道上的配乐.mp3素材文件的结束时间为5秒20帧，如图18-32所示。

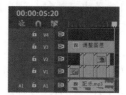

图 18-32

本实例制作完成，滑动时间线查看画面效果，如图18-33所示。

图 18-33